女孩，

你要学会保护自己

好父母送给女儿的“安全手册”

周舒予◎著

北京理工大学出版社
BEIJING INSTITUTE OF TECHNOLOGY PRESS

图书在版编目（CIP）数据

女孩，你要学会保护自己:好父母送给女儿的“安全手册”/周舒予著.—北京:北京理工大学出版社，2015.11（2021.7重印）

ISBN 978-7-5682-1227-4

Ⅰ.①女… Ⅱ.①周… Ⅲ.①女性-安全教育-青少年读物 Ⅳ.①X956-49

中国版本图书馆CIP数据核字(2015)第213985号

出版发行／北京理工大学出版社有限责任公司
社　　址／北京市海淀区中关村南大街5号
邮　　编／100081
电　　话／（010）68914775（总编室）
（010）82562903（教材售后服务热线）
（010）68944723（其他图书服务热线）
网　　址／http: //www. bitpress. com. cn
经　　销／全国各地新华书店
印　　刷／唐山富达印务有限公司
开　　本／710毫米×1000毫米　1／16
印　　张／15.75
字　　数／203千字
版　　次／2015年11月第1版　2021年7月第24次印刷
定　　价／29.80元

责任编辑／施胜娟
文案编辑／施胜娟
责任校对／周瑞红
责任印制／马振武

图书出现印装质量问题，请拨打售后服务热线，本社负责调换

前言

女孩保护自己，踏好青春脚步

每个人都应该有强大的安全意识，都应该尽最大努力保护好自己的生命财产安全。对于孩子来说，更是如此，所以从小就应接受足够的安全教育。而女孩，就更要懂得努力保护自己。

女孩都有阳光般的笑脸，就像含苞待放的花蕾；女孩也都有远大的理想，想拥有精彩的人生前程；女孩还有丰富细腻的情感，对未来怀有美好的期待……但由于其身心还不太成熟，或者是社会阅历比较少、经验不足，或者是青春性意识萌动、思想比较单纯，所以就容易轻信他人，从而让自己在不知不觉中遭遇意外状况，而在面对这些突发的意外状况时，一般会处于被动地位，或者因为害怕而不知所措，甚至还会因“硬拼”“蛮干”而激怒坏人，最终让自己的身心受到伤害。所以，女孩一定要提升自我保护能力。

尤其是最近这两年，时不时就有女孩被骗、被性侵、失联甚至被害等意外状况发生。

2013年3月16日，江苏一个女孩到河南见网友，结果被骗财骗色，几天后在火车站又被一名中年男子诱奸。

2013年7月24日，黑龙江一个女孩送一位孕妇回家，结果被骗，惨遭孕妇丈夫性侵并被杀害。

2014年8月9日，重庆一个女孩阴差阳错地上了陌生人的轿车，随后和家里失去联系。10天后，警方发布消息称，女孩因为途中跟司机发生争执，最终被司机杀害。

2014年8月21日，一个女孩在山东某火车站上了一辆“黑车”，被一五旬男子骗到偏僻处强奸，之后女孩又被骗至男子住处遭囚禁、殴打、恐吓、强奸、性虐待。

2014年9月25日，北京某小学一名男老师被警方抓获，其在3个月的时间里带着一名12岁女孩开房9次。

……

这些女孩遭遇性侵害甚至被害事件不得不让人陷入沉思：女孩应该怎样加强自己的安全保护意识？怎样杜绝此类事件再次发生？

现在，女孩的安全问题，已经受到社会各界的空前关注。所以，女孩在接受常规的安全教育之外，还应该针对自身的特殊性，接受更进一步的自我保护教育，从而在最大限度上保障自己的安全。

身为女孩，在任何环境中、任何情形下，都一定要提高保护自己的意识，在平时更要注意培养应急、应变能力，学习保护自己的各种技巧，在遇到紧急情况时还要把“生命第一”记心间……做到这些，女孩才会享受舒心的校园生活，才能轻松应对这个复杂多变的社会，才会在享受青春的同时，也能踏对青春的步点，从而让生命之花开得更美。

学会保护自己，让自己身心健康地成长，不仅是每个女孩的责任，也是每个女孩的义务。做好这件事，不仅是为了自己，也是为了爱我们的父母、亲人。

最后，衷心希望天下的女孩都能保护好自己，学有所成，拥有幸福的人生。

目 录

第1章 女孩，你要有保护自己的意识

作为学生，本来就该有自我保护的意识，只不过，身为女孩这种意识应该更为强烈一些。因为女孩的确是很多危险的高发人群，如果女孩自己都没有保护自己的意识，那么很容易就会陷入危险的境地。所以，女孩一定要有保护自己的意识。

第2章 保护好自己才能享受舒心的校园生活

校园是一片净土，一应纷杂本该被隔阻在校门之外，一应污秽本不该污染其中，但很多时候，那些给我们身心带来伤害的事物还是会悄悄地潜入这片净土，让我们的校园生活蒙上阴影。因此，只有保护好自身，我们才能尽情享受舒心的校园生活。

第3章 在真实的社会历练自己、保护自己

相比宁静的校园，社会才是一个真正的大熔炉，在社会中经历的事情，才会成为我们人生成长的真正历练。所以，我们也该勇敢面对真实的社会，并学会在社会中保护自己，从而让自己更快地成长。

第4章 面对各类突发状况，保护好自己

在生活中，我们可能会遇到各种各样的突发状况。当面对这些突发状况时，女孩是否可以保护好自己，这就是考验我们平时积累的时候了。只有我们平时掌握正确防范危险的方法，在遇到突发状况时，才能很好地保护自己。

第5章 识别陌生人的骚扰，不上当受骗

我们每天都会遇到形形色色的陌生人，尽管并非所有陌生人都是坏人，但是我们应该明白，世界远不像童话般单纯美好，防人之心不可无，我们要学会识别陌生人的骚扰，谨防上当受骗，学会应对陌生人的技巧，避免自己受到不必要的损失与伤害。

第6章 保护好自己，踏对青春的脚步

走过懵懂的季节，我们迎来了生命中最美好的季节——青春期。都说青春期的女孩是最美的，就像一株带着露水的欲开的玫瑰，既又美丽，又娇嫩。为了让这朵生命的花朵开得最美，我们首先要学会保护自己。

第7章 防范形形色色的网络骗局

在网络时代，人与人之间的距离越来越近，人们获取信息也越来越便利，这都是网络带给我们的积极方面。但是，网络也带给我们很多负面的东西，处在这个高速发展的信息化时代，女孩要学会好好利用网络，也要警惕各种网络骗局。

◆第1章◆

女孩，你要有保护自己的意识

作为学生,本来就该有自我保护的意识,只不过,身为女孩这种意识应该更为强烈一些。因为女孩的确是很多危险的高发人群,如果女孩自己都没有保护自己的意识,那么很容易就会陷入危险的境地。所以,女孩一定要有保护自己的意识。

保护自己的意识比技巧更重要

刚上初中一年级的小颜对新学校颇有兴趣，一天放学后，她见时间还早，便背着书包在学校里转了起来。

此时学校里的学生越来越少了，只是楼道里还有几个高年级的学生在走动。小颜刚走到教学楼深处一间办公室门口，就听见有老师叫住了她，原来是一位陌生的男老师想让她帮忙把办公室里散乱的卷子整理一下。小颜站在办公室门口，向屋子里看了看，发现只有男老师一个人，便没直接进去，而是站在门口说："对不起啊，老师，我是新生，不懂得太多的规矩。而且，也不早了，我得赶紧走了，妈妈还在校门口等着我，我要是还不出去她该着急了。老师，下次有机会我再帮您好吗？"

那位男老师看了看站在办公室门口不肯进来的小颜，笑着摆了摆手："知道了，小姑娘防范意识还挺强，不过做得没错，值得表扬。好啦，也真的不早了，赶紧回家吧，别一个人在校园里晃荡了啊，省得妈妈着急。"

小颜调皮地吐了吐舌头，跟老师说了再见，背着书包赶紧向校门口跑去。

从表面看似乎是小颜误解了这位男老师，因为老师只不过是想让她帮个忙而已，但却被拒绝了。

不过，我们却不能认为小颜这样做是错的，恰恰相反，她的做法是值得我们好好思考与参考的，这是因为她展现了极强的自我保护意识。其实，她的这种做法，理应是我们该借鉴、学习并能在日后真正运用到实践中的。

大家感到疑惑不解吗？那我们就来一起仔细分析一下吧。

首先，在听到陌生男老师的请求时，小颜没有立刻就走进陌生的办公室中，而是先观察了一下环境：办公室里只有一位男老师，但楼道里却还有一些高年级的同学，小颜选择的是“站在人多的地方，不去人少的地方”。显然，这种让自己始终在大庭广众之下的做法是正确的，这能保证她始终在众人的视线范围之内，一旦有什么事情发生，她也能在第一时间让周围的人发现。这种判断对女孩来说是非常重要的，作为弱势群体，我们不能将自己推到更加无助的境地，而是要寻求可以让我们依靠的环境，人越多，对我们来说就会越安全。

其次，面对老师提出来的要求，小颜没有表现得言听计从，虽然老师的要求合情合理，而且也并没有别的意思，但小颜还是勇敢地表达了自己的拒绝。这种拒绝，可以让小颜避免与陌生男老师独处一室，接下来的潜在危险（哪怕是万分之一）自然也就避开了。

有的人可能会觉得这样太过小心了，会伤害老师或者其他同学、同伴的感情，但有的时候，不能单单地讲感情。作为女孩，要意识到在自己身上可能会发生的危险，不管对方是不是有那样的企图，都应该首先有保护自己的意识，防人之心一定要有，感情问题之后再说。

最后，小颜表现得很机智，用“妈妈正在等”来给他人制造错觉，一句话就将自己推托的理由讲得很明白。虽然老师一下子就感觉到了她话中的意思，但也肯定了她的表达与做法，这就说明小颜的机智反应得到了老师的认可。

说谎不是不好吗？当然不好，但也分什么时候说。只要能保全我们自己的健康与安全，那就无所谓。在遇到危险时，我们的脑子也该转一转，别只顾着喊、只顾着哭，而是应想尽办法让自己摆脱危险的情况，才是最该做的。

总的来说，先不说小颜在应对老师求助这件事的处理技巧上是不是真的非常高明，但仅就她在这件事所表现出来的强烈的自我保护意识，就足以让人夸赞。

其实说得通俗一些，很多时候我们并不是因为“应付不了危险”而遇险，恰恰是因为我们“没有意识到那是危险”而自己走进了危险之中，而这种无意识的自我涉险才是最危险的。

相较男孩，女孩真的很柔弱，再加上身为学生，很多时候我们对某些危险就会束手无策。也就是说，如果真的需要我们去应对不法之徒，可能我们还真没有足够的能力，所以与其等到涉险之后再想办法应对，倒不如在涉险之前就先有足够的自我保护意识，这样就能避免我们走入危险之中。就像是小颜所做的那样，心中始终有一个“保护自己”的想法，那么我们的行动自然也就不会显得鲁莽。

所以，我们也该纠正一下之前的那些比较偏激的认知了，别等着危险临头了才想起来要学习各种技巧去应对，而是要在危险降临之前就先在心中给自己拉响警报。不过，这也不是说不必去学习那些技巧，意识先要培养起来，技巧也同样要好好学习，毕竟世事难料，我们不去接近危险，但危险却可能在不经意间悄悄找上我们。所以，重要的自我保护意识一定要有，而重要的自我保护技巧也要抓紧学起来。

有了意识，又有技巧，让每个女孩都能成为一个懂得保护自己的“超能女孩”吧！

提升自我保护意识

下午放学后，心怡和两个小伙伴一起结伴回家。走到半路，心怡忽然想去看看家附近新开的玩具店，于是便和两个小伙伴道别，自己走了。

正巧，心怡的爸爸出门来接她，走到半道却只看见了她的两个伙伴。爸爸连忙上前询问，这才得知心怡自己去逛小店的事。爸爸一阵紧张，连忙骑上自行车向两个孩子说的方向追去。

还好，没追出去太远，爸爸就看见了正和某位陌生阿姨聊得开心的心怡，于是连忙叫住她，原来心怡走到半路碰见了一位问路的阿姨，她正准备为阿姨领路。爸爸赶紧用随身带的笔画了个地图，还标上了几种去的方式，包括坐车、打车、步行，等等，都写清楚了，并将最近的一个派出所的位置也写了上去，那位阿姨这才拿着地图道过谢后走了。

爸爸拉着心怡说道："你看看，你今天做了这么多危险的事情！第一，没有通知爸爸妈妈就擅自行动；第二，随便与陌生人搭讪；第三，还给陌生人带路。这任何一条都可能会给你带来危险啊！"

心怡吐了吐舌头，但又有些不服气："我也没去多远的地方，再说我给阿姨指路也是做好事啊！"

爸爸摇了摇头说："做好事是不假，但你一定也要注意自己的人身安全。凡事不能只凭着感觉走，害人之心不能有，可是自我保护意识也必须要具备啊！"

可能在有些女孩看来，女孩子喜欢逛街购物买小玩意儿是一种天性；

而助人为乐，又是每个学生应具备的道德品质。心怡的这两个表现明明没有什么错误，为什么还会被爸爸教育呢？再说了，谁说她就一定会有危险呢？没准儿还能得到表扬呢！

这件事在原则上是没问题的，但是我们却不能太过单纯地考虑心怡的做法。如果不通知父母就任意行动，他们就不知道我们的去向，不知道我们可能会遇到什么情况，这势必会让父母担心。而一旦我们出了问题，什么都不了解的父母就不知道该从哪里下手。

有时，我们的确是在表现自己的善良，可就是有坏人会利用这份善良而对我们造成伤害。2013年，不是有过一则“善良女孩送孕妇回家，反被侵害，侵害不成又被残忍杀害”的新闻吗？这件事理应给我们敲响警钟，我们以为自己是在表现善良，但坏人终究是坏人，他们会抓住一切可能利用我们的薄弱点，对我们发起攻击。如此说来，我们难道不该多几个心眼儿，多为自己想一想吗？

因此，我们要牢记心怡爸爸的提醒，提升自我保护意识，无论何时都不要忘了多注意自己的人身安全。

首先，和爸爸妈妈一起好好了解一下与安全有关的新闻，特别是和女孩有关的安全新闻。

很多女孩对自身安全可能没有那么多的想法，或者是因为自己看不见也遇不到那些危险的事，也就不那么关心。可实际上，危险无处不在、无时不在，我们不能做一个什么都不想的孩子，越早了解可能隐藏的危险，我们才可能越早地主动提升自我保护意识。

新闻是我们了解真实社会的最好途径，那些与安全有关的新闻就是在为我们敲响警钟。当然，有些内容可能过于恐怖或者不那么好懂，不妨和爸爸妈妈一起看，让他们给我们讲解一下，由此来理解为什么我们需要时刻注意自我保护。

其次，发生在自己身上的事情，只要感觉不舒服，就要及时和可靠的人进行沟通。

由于缺乏自我保护意识，在有些女孩身上可能已经发生了不幸的事情，但却依然不自知，即便难受也还依然忍着，甚至并不以为自己已经受到了伤害，这样的表现其实很令人心痛。

比如，曾经有一个12岁的小女孩，在一段时间里经常和班上同学讲起自己的一段经历，说自己被家附近一个总是给她好东西吃的老伯带去小房间，在小房间里被“好心老伯”动手动脚，还被脱衣服又抱又啃。幸亏有老师意识到了女孩讲述的内容，接着就报了警，经警方调查，才抓到了那个已经对女孩造成实质性伤害的色狼。

这是多么令人难过的事情，其实小女孩自己也会感到不舒服，可她却只将这件事当成是一种经历，而并没有意识到自己受到了伤害。这里要提醒大家注意，只要自己遇到了一些不寻常的事情，尤其是那些让自己感到不舒服的事情，就一定要告诉可以信赖的人，如老师或者爸爸妈妈，都是我们可以倾诉的对象，千万不要不当回事，要及时反映自己的感受，周围的成年人才能根据现实情况来做出准确判断，并更好地帮助我们。

最后，不要对周围环境太放心，要意识到自己才是保护自己的最佳屏障。

还有很多女孩之所以自我保护意识薄弱，是因为她们会错误地觉得，自己每天的生活空间除了学校就是家庭，在学校有老师保护，回了家又会有爸爸妈妈保护，所以没必要自己多操心。

这样的想法可要不得，周围的环境并不是一成不变的，而老师和爸爸妈妈也总有顾及不到的时候，所以只有我们才是保护自己的最佳屏障，只有自己才能随时注意到自己周围的危险变化。而且，在很多危险时刻，求人不如求己，拥有极强的自保意识和快速反应，才能在第一时间保护自己不受伤害。

不断强化安全意识

冬季的某一天，下午放学后，身为中队长的小梦因为帮老师做事，很晚才从学校出来。此时，天色已经变得昏暗了，小梦一个人背着书包向家的方向走去。

此时，路边的一些小店开启了五颜六色的彩灯，小梦觉得很漂亮，便一路边看边走，再加上有的小店还放着好听的音乐，她还会停下来听一听，结果丝毫没注意时间，等她发现时，手表的指针已经快指向晚上7点了。眼看太晚了，为了能快些回家，小梦决定穿过一个偏僻的小胡同抄近路。

就在小梦刚要向小胡同里跑的时候，传来了呼唤声，原来是爸爸在家等得着急，出门来接她了。

回家的路上，爸爸问小梦刚才想要干什么，小梦不好意思地说："路上看路边漂亮的彩灯来着，结果耽误了时间，想从小胡同抄近路，结果就被爸爸您叫住了。"

爸爸叹了口气："你呀！本来天就晚了，还不赶紧回家，看什么彩灯？这么晚了，你居然还想着要从小胡同过！真是太没有安全意识了！"

小梦觉得不以为意："灯火通明的，有什么害怕的？小胡同里也有人家住着呀，也有灯呀，也有人经过呀，怎么不行？"

爸爸叹了口气说："这可不行啊！女孩子，晚上就该多注意安全，时间不能太晚，路线也不能太偏僻，不是你觉得安全就安全，万一有危险可怎么办？"

小梦吐了吐舌头，没再和爸爸理论，但爸爸决定，回家得给女儿好好补一补安全意识的课了。

许多涉世未深的女孩，对很多危险是不那么确定的，她们会认为那些不安全的事情离自己很远，很多都只出现在新闻中。显然小梦也是这样想的，所以她才毫不担心自己黑天独自在外有什么危险，更没想过如果自己独自一人从偏僻的小胡同经过又有可能发生什么。她看似有道理的辩解，其实都不过是自己的设想罢了。

绝大多数的女孩本性都是善良的，所以她们眼中的世界充满了美好，虽然我们也期待这个世界充满真善美，但那些邪恶的、丑陋的、让人意想不到的危险，却并不是虚假的，也不是用来骗孩子玩的。

现实情况是，各种不安全的事情总是会围绕在我们身边，相信很多女孩都经历过被人摸一把，或者蹭一下的情况，也经历过丢东西，甚至被陌生人欺骗的情况，这些事情明明已经发生过，我们又怎么能说自己离危险很远呢？

所以，不要再忽略这些隐藏在身边的安全隐患了，安全意识时刻都不能丢。

要学习安全问题，我们不妨多向爸爸妈妈请教，他们的生活阅历明显比我们要丰富得多，他们自己也曾经经历过一些不安全，从他们那里应该可以学到很多对于不同安全问题的发现与处理方法。

平时在家我们可不要只是学习书本那点知识就完了，没事的时候也跟在爸爸妈妈身后转一转，看看他们要做什么，问问他们做这些事情的时候该注意什么。那些需要注意的安全问题，就会被爸爸妈妈很自然地讲出来，我们也就能在耳濡目染中记住了。

特别是妈妈的表现，我们要格外注意，看看妈妈平时都给自己准备了哪些防身用具，问问妈妈如果在家里遭遇了不幸的事情，她有哪些应对措施，和妈妈学几招在家如何躲避危险和更有效利用家中物品的绝招。

比如，如果有陌生人敲门，家里只有我和妈妈两个人，那就该好好看看妈妈是怎么应对陌生人的，不随便开门，不随便透露家中的情况，该怎么回应陌生人的问话，该怎样制造家中人多的气氛，这都是我们可以学的技巧。

和爸爸妈妈一起外出也是加强安全意识的好机会。跟着爸爸妈妈我们可以注意到在外应对陌生人的安全问题，还可以注意到该如何防范诸如被偷、被抢、被跟踪等一系列安全问题。

比如，在乘公交车的时候，我们该怎么保护自己不被他人骚扰，该怎样关注周围环境，要注意到环境里有哪些人是可以求助的，等等。这些也同样是我们要学习的内容。

所以说，生活也是个大课堂，别放过这简单而又贴心的学习机会。

不仅仅是向爸爸妈妈请教，我们自己也要多留心，比如对于一些不可抗力所导致的危险，我们也可以通过在学校的学习，以及自己看书、看报或者看新闻等方式来认识并对其引起注意。如果自己无法理解得很透彻，也可以向学校的老师或者爸爸妈妈询问，以更好地理解这些危险到底会对自己产生怎样的影响，从而提升自己的防范意识。

另外就是要提高校园内的安全意识。与校园有关的各种问题层出不穷，学校也一定会针对各种事件开展一些安全讲座或者安全课堂。对于这些内容，我们可要多加留心。特别是有些“学霸”女孩对这样的安全教育会很排斥，会认为“反正又不考试，听不听都无所谓，到时候做几道题都比听那个强”。

这种想法可千万要不得，只要是校园安全讲座，我们就一定不能无视它，听那些内容可不是耽误工夫的，少做几道题日后我们还可以找时间补回来，可一旦因为没有注意安全而让自己的人身受到伤害甚至威胁到生命，那么我们哪里还有机会再去做更多的事情呢？孰轻孰重，我们可要好好斟酌啊！

总之，安全意识是应该伴随我们一生的，从小开始不断加强安全意识，应该成为我们除了学习知识、培养道德之外的又一重要培养内容。

跟父母、同学试着进行安全演练

一段时间以来，电视上总是出现女大学生失联的案件，亦珊看着心有余悸，有时候也会想象那个场景，如果自己不小心上了黑车、被人骗，自己能不能应对，能不能想办法逃脱。而每次想到最后，她都发现自己好像什么都不会做，到时候能不能喊出来都是个问题。

这样太危险了！亦珊这样想着，便将自己的忧虑告诉了妈妈。妈妈连连点头说："我最近几天也在想这件事呢。"亦珊想了想便说："妈妈，我们来一次安全演练吧，叫上我的几个好姐妹，大家一起来练习一下遇到上黑车、被陌生人欺骗的时候该怎么办。"

妈妈一听，当即同意，和爸爸商量了一下，一家人都觉得亦珊的提议非常棒。亦珊随即又和自己的几个伙伴也提起了这件事，伙伴们欣然同意，并表示会带着自己的家人一起参加。

于是在一个星期六的下午，大家都集中到了小区广场，设定了好几个场景，有上黑车的，有路遇陌生人的，有接到外出邀请的，还有几个女孩一起到陌生地区的……几个场景演练下来，亦珊和伙伴们有时候可以想到办法，有时候又无计可施。大家发现了许多问题，赶紧凑在一起想办法解决。

一下午的时间，亦珊发现自己还真是学了不少东西，不过她觉得这还不够，因为她并不能熟练应对，于是便和大家商量好，以后每隔一段时间，都来一次这样的演练，所谓熟能生巧，将这些技术练习熟练，以更好地保证自己的安全。

所谓安全演练，通俗点说就是模拟一些危险事件，通过练习处理危险事件中的各种问题，来提升自己的应对能力，以备不时之需。亦珊的做法是值得我们学习的，从一些事件中意识到自己在某些方面的不足，或者说意识到自己需要练习来提升安全意识和安全防范能力，这样一种认知在很多女孩那里是没有的。

我们身边的人，也包括我们自己在内，对这种安全演练可能都没有提起足够的重视。有的女孩会说："生活一直很平静，哪有那么多可能就会遭遇危险呢？我在家有爸爸妈妈保护，在学校有老师保护，怎么说我都是安全的。有那个演练的时间，我还不如睡一觉呢！"还有的女孩也会觉得："演练啊，不就是玩一次呗，正好也省得看书做题了，消磨时间最好。"

可别轻视这种重要的安全演练哦，没人会预料到在自己身上将降临什么危险，一旦有危险降临我们却不知道该如何应对岂不是很郁闷的一件事？一个不小心我们就有可能因为什么都不会做而让自己受到无可挽回的伤害啊！

所以，如果有机会，也和爸爸妈妈、同学一起进行一些安全演练吧。当然不是要求非要像亦珊这样组织如此大规模的练习，很多安全演练在家里或者三五个同学也可以组织起来。

比如，在家我们可以演练有陌生人打电话、来访该怎么应对，可以演练假如不小心上了黑车又该怎么办，还可以演练遇到受人劫持时该如何逃脱。跟爸爸了解怎么攻击危险人物的要害部位，和妈妈学习该怎么利用随身小物品等去应对危险。

再比如，可以和同学进行在学校里遇到的各种危险演练，像遇到有不怀好意的异性该怎么躲避，如何与男老师、男职工、男校长相处，女孩子们怎么能联合起来抵抗外界的威胁，等等。

其实安全问题不是说遇到了才需要，而是应该在平时就要做好准备，演练是能帮助我们更快速地进入安全应对状态的最好方法。俗话说"熟能生巧”，当演练已经变成了习惯，一旦遭遇真的危险，我们也就不会那么手忙脚乱、不知所措了。

这就是在提醒我们，不管是在哪里、和谁进行安全演练，都应该认真应对，因为演练往往是一种“假装”的状态，有的女孩内心没有那种危机感。和爸爸妈妈可能会撒个娇，对问题也不仔细多想，只是随便应付了事；而如果是和同学在一起，又会变得嘻嘻哈哈，把演练变成一场游戏，甚至彻底忘记了演练的初衷。

安全演练，是帮助我们防范危险的重要步骤，马虎不得，也玩笑不得，要像对待真实发生的事情一样去对待演练，该学习的技能要认真学习，就算是“假装的”，动作也要到位，意识一点都不能松懈。

不仅如此，在不断地进行安全演练的过程中，我们还能发现一些新问题，毕竟随着时间的推移和各种技术以及物品的更新换代，我们的演练也会随着这些新内容的诞生而产生新的应对措施。如此一来，我们对危险的应对能力才会越来越强。

不过说到演练，还有一点需要格外注意。那就是要根据自己的实际能力来进行演练。也就是说，在演练过程中我们所想到的和所运用到的方法，都应该符合自身的年龄、性别特点，要在自己的能力范围内去演练，不要做超越自己能力的事情，否则不但起不到演练的作用，反而可能让我们受到其他意外的伤害。要记住的是，演练不是挑战极限，越顺手的操作才越能够在危险到来时保护与拯救我们。

培养自己的应急、应变能力

一天下午放学后，肖云和好朋友小萱一起背着书包结伴回家。走到半路一处僻静的街道，忽然从对面堵上来三个少年，他们一看就比两个女孩年龄大，流里流气，嘴里还叼着烟。三个少年围上两个女孩，要她们给点钱花花，如果不给钱，陪着玩玩也可以。

肖云和小萱都吓坏了，连忙摇头说“没有”“不行”，其他话都说不出来。三个少年上来拉扯起了小萱的书包，还拽了拽肖云的头发，肖云吓得哭了起来，并拼命挣扎。

小萱这时却忽然冷静了下来，她连忙打开书包说：“我有钱，我给你们。”说着她把书包里装着的30元钱掏出来丢在了地上，三个少年都邪笑着去捡钱了，趁此机会，小萱拉起肖云赶紧跑掉了。

回家之后，肖云哭着把这件事告诉了爸爸，爸爸一边安慰，一边说道：“小萱很勇敢啊！我看，你得向她好好学习一下了。危急时刻，害怕是肯定的，但不能因此丧失应急、应变的能力，今天多亏了小萱，如果你俩都只知道哭，后果真是不堪设想！这样吧，以后我们没事也该演练演练了，虽然不希望再遇到这种事，但如果遇到了，爸爸希望你能坚强、勇敢一点。”

应急，即应对紧急情况；应变，是对突发事件的一种应对。从这样两个定义来看，除了前面提到的安全意识，我们还要掌握在紧急情况下处理各种突发事件的能力。肖云的表现不一定只有她自己才有，很多女孩一到危急时刻就会变得束手无策，似乎当时能做的事情除了哭就再没有别的了。

显然，眼泪只负责发泄，并不能给我们以任何提示和帮助。危急时刻可不能只会哭鼻子，否则既浪费时间又影响情绪，而应急、应变能力就是此时我们最需要的“救命稻草”，就像小萱后来表现的那样。而要培养这样的能力，也需要经历一个过程。

第一，学着慢慢冷静下来。

遇事慌张，是很多人错失自我保护或自我拯救良机的最大原因。其实，面对突然发生的事情，慌张是人之常情，并没有错，不过也不能一直慌张，心慌意乱之后，就该立刻冷静下来，只有头脑冷静了，才能继续考虑接下来该如何做。

当然，让自己逐渐冷静并不是那么容易就能做到的事情，可以试试深呼吸，给自己鼓劲，多告诉自己“不要那么害怕，我应该可以应对，我可以努力尝试一下”。其实，自我鼓励也具有一种神奇的效果，这也是一种自信，相信自己可以做到，其成功的可能性就会大大提升。

让自己冷静面对各种突发事件并不是一朝一夕就能做到的，因此一两次的不冷静不代表我们不能冷静，只不过心里要经常想着注意保持冷静，也许经常性的自我提醒也能起到一定的作用。慢慢加以锻炼，我们也许也能变得沉稳，至少不会遇事只知道哭，这也是一种进步。

第二，培养自己足以应对各种事情的能力。

虽然我们都知道，只有冷静了才能理智思考和应对问题，但实际上，这个关系似乎应该反过来，只有意识到自己可以做到的事情有很多，意识到自己完全有足够的能力时，我们才会冷静下来。

例如，有的学校会给女孩子开设女子防身课，如果我们也能参与到这样的课程中去，经过学习与训练，我们就能具备基本的应对坏人的防身之术，还能学到诸多应对措施。有这些措施在心，再遇到危险的时候，我们是不是多少都能觉得更有保障一些？如果还有女孩更有学习精神，学到了更多的防身本领，我们是不是觉得自己更不会害怕？

因此，我们平时就要多学些东西，比如，各种大小工具的使用，书本知识在生活中的运用。再比如，一些生活常识的积累，各种特殊情况下的应对；等等。

俗话说“艺多不压身”，所以多学些技能没什么坏处，说不准什么时候就会用上。即便是女孩子，也别觉得什么事是自己不需要做或者不能做的，只要有心，多掌握一些生活中的操作技能没什么坏处。

第三，和爸爸妈妈商量好，不时来一些“突然袭击”。

如何检验应急、应变能力，最好的办法就是能多经历一些突然发生的事情。可是生活中似乎不大可能总是有那些让我们颇为震惊或者颇为紧张的时刻。因此，可以和爸爸妈妈提前商量好，让他们时不时给我们来一次“突然袭击”，也好让我们进行危急时刻的演练。

可以多种情况穿插进行，最好根据当时的情况和我们的成长阶段来“改进”演习的内容与难易程度，从而使我们的应急、应变能力得到锻炼，应对技能也会不断提升。

另外，如果有可能，也可以和家中其他亲戚朋友商量好，让他们给我们来个更意外的“突然袭击”，不同的人、不同的演练内容，反复练习总会让我们逐渐提升自己的安全意识，就算危险真的来临，已经演练过许多遍的自我保护措施也能在关键时刻发挥作用。

时刻把“生命第一”记在心间

小暖放学回家时，才不过下午4点钟，她家住在3楼，小暖边唱着歌边爬着楼梯。因为这个时间很多人还没下班，所以楼道里静悄悄的。

就在小暖转过2楼的楼梯要向3楼爬的时候，突然从后面冲上来一个人，一把抓住小暖的书包和衣服，就把她按在墙上。

小暖吓呆了，那人戴着大墨镜，看不清脸，他一只手掐着她的脖子，另一只手竟然在她身上乱摸了起来。小暖刚尖叫了一声，那人的手就一紧，她差点喘不上来气。接着，那人说道：“回你家，给我拿钱，再陪我玩玩，要是再喊我就掐死你！”

心里乱过一阵之后，小暖安抚了一下自己，接着说道：“好好，你先放开我，我家有钱，你都拿走，我保证不喊。”

那人犹豫了一下，松开了掐着小暖脖子的手，推了她一把，让她带路。小暖无奈只得上楼，掏出钥匙准备打开自家房门，边开门边说：“我家真的有钱，你要多少我都给你，我很听话的。”

那人刚要催促小暖快一些时，楼下忽然传来了有人上楼的脚步声，他一惊，随手推了一下小暖，然后跑掉了。

小暖吓得腿一软，坐到了地上，接着赶紧爬起来开门进屋，拨通电话报了警，并赶紧给爸爸妈妈打了电话。

遇到一些危急时刻，很多人的反应可能都是下意识的。比如小暖，她的第一反应是喊了一声。其实，这只不过是她的一种下意识的举动罢了，在危急时刻，不够冷静的人其大脑可能无法一下子处理那么多的信息，于是便可能会做出一些不该做的事情。比如喊叫，这其实是很危险的，如果没有注意到环境而盲目求救，不仅浪费自己的体力，也叫不来帮忙的人，还可能会激怒对方，给我们带来更大的伤害。

还好，小暖没有继续喊下去，她根据情况考虑到了自己的安全问题，用钱财转移了歹徒对自己身体和生命的“关注”。总体来说，她的这种处理是正常且正确的。

可以说小暖是幸运的，而她的幸运来源于几个方面：第一，她将自己的生命安全放在了第一位，舍弃钱财，在关键时刻没有和歹徒硬碰硬；第二，她很冷静，知道不断用“有钱”来安抚歹徒，并用保证“不喊叫”来暂时缓解歹徒想要对她不利的心理；第三，当时有人经过，所谓贼人胆虚，机缘巧合，小暖得以逃脱。

虽然小暖最终安全了，但一定会有人说，她怎么能给歹徒开门呢？进了屋子不是更危险吗？应该可以更机智一些地应对吧。

按常理来说，将歹徒引进屋子制造两人独处的环境的确更危险，可是在当时的情况下，小暖的做法还是可取的。一个小学生，在这种时候的反抗是毫无意义的，而且危险来临时，难以在短时间内想出更好的办法，那么，与其为了拼命保护家庭财产而搭上自己，倒不如乖乖顺从，保命的同时才可能有机会想办法。此外，谁能说定事情不会有突然的转机呢？楼下突然来人，不是也给了小暖逃脱的机会吗？

总之，生命无价，每个人的生命都只有一次，危险面前，特别是在当我们的人身安全和财物安全同时受到威胁的时候，人身安全才是最优先要考虑的事情，如果此时需要舍财保命，那我们就该毫不犹豫。毕竟，只要人活着，一切就都还有希望。

因此，很多危险当头，我们都用不着去衡量什么其他的价值，在危急时刻，要想尽办法来保证自己的人身安全，手里的多余东西也要能丢掉就丢掉，身上的累赘也别舍不得放手。

比如，在路上遇到抢劫的，他只要钱财，那我们就别过分舍不得自己那漂亮的书包或者刚拿到的压岁钱，通俗地说，就是“散财保命”，丢掉的那些东西都可以再挣回来，或者找回来，就算找不回来，也还能再次拥有的，可生命，每个人只有一次，我们该毫不犹豫地先顾及性命安危，其他的一概不用多想。

有的女孩也许会问，那家里的东西也是如此吗？没错！就像小暖的做法，我们没有理由说是错误的，家里的东西即便爸爸妈妈再珍惜，也不会比我们的生命安全更宝贵。所以，这个时候就别想着“如果丢了钱或者东西，爸爸妈妈会训斥我的”，因为这种想法在爸爸妈妈那里是绝对不会有的，他们更希望我们安全、健康，尤其我们是女孩，他们更希望我们没有受到歹徒的侵害，只要我们是健全的，他们就足以安心，身外之物，无足轻重。

另外，还有一种情况，那就是可能会在我们的姐妹、同学身上也发生类似的情况，她们遭遇到歹人的威胁时，我们如果刚好经过，要不要伸出援助之手呢？

遇到这种情况，一定要先判断自己是不是安全的，别因为盲目救援让自己陷入更为危险的境地。同时也要具备合理的救援技巧，如果自己无能为力，还是将宝贵的救援机会留给更为合适的救援人员吧！特别是在我们自己也身处险境时，就别想得太多了，有能力则帮忙，无能力就不给对方添麻烦，这才是我们应该记住的。

◆第2章◆

保护好自己才能享受舒心的校园生活

校园是一片净土，一应纷杂本该被隔阻在校门之外，一应污秽本不该污染其中，但很多时候，那些给我们身心带来伤害的事物还是会悄悄地潜入这片净土，让我们的校园生活蒙上阴影。因此，只有保护好自身，我们才能尽情享受舒心的校园生活。

面对同学的恐吓、威胁、索要钱财，怎么办

小伟与小梅、晓丽是同班同学，但在小梅和晓丽看来，小伟却好像是要债的地主一般既令人生厌又令人反感。

原来，当时才上5年级的小伟，在2010年3月—2012年12月，一直向同班的小梅和晓丽索要钱财，如果不交钱，他就会威胁、恐吓她们。

小梅和晓丽都是女孩子，面对凶神恶煞般的小伟，她们觉得自己并没有能力反抗，于是便一次又一次地满足小伟的“需求”。小伟从两个女孩那里要的钱，少则十几元，多则上百元。拿着这轻易得来的钱，小伟过得逍遥自在，可小梅和晓丽却过得心惊胆战。

直到后来，小梅和晓丽的爸爸妈妈都发现，孩子身上的零花钱总是没得特别快，有时候刚给的挺多的钱，转眼就不见了。一番询问后，两个女孩的父母才得知实情。而此时，小伟从小梅和晓丽那里勒索而来的钱财，其数额已经达到了9 000元。

小梅和晓丽的父母一起向公安机关报了案，这才终止了小伟继续勒索的行为，小梅和晓丽才终于逃离了被恐吓、威胁的噩梦。

两位受害女孩最终得到了法律的救助，为自己讨回了公道。但是，仔细想想看，这样的事情难道一定要发展到这种地步吗？难道我们只有在“花费”了如此多的钱财之后，才能靠法律的帮助来维护自己的权益吗？

其实，所有的被勒索者都有一种侥幸心理，认为“花钱消灾”是一种不错的解决办法，觉得“既然他要，我给就是了，给了钱他就不会打我、

骂我了”。尤其是女孩子，多数胆小，稍微一被吓唬，就只剩下乖乖听话了。假如勒索者再说一些“如果你不给钱，我就扒了你的衣服，拍照放到网上去”这样的狠话，爱面子且又胆小的女孩，就更加不敢反抗了。

显然，勒索者的心理与被勒索者恰恰相反，他们会觉得“吓唬一下就给钱，对这样的胆小鬼下次再多要点”。即便是对待女孩子，他们也毫不留情，女孩子的软弱与生怕自己被人耻笑的心理，才更是好下手的弱点。

如此一来，我们的软弱却恰恰成了被勒索者抓在手里的弱点，他们可能就会更加猖狂，而我们所受的伤害也会越来越深。

因此，遇到这种恐吓、威胁、勒索，我们最终的解决目标应该是，既保护好自己，又没有给自己增加新的负担，还能让那些勒索者自动退去。

面对勒索时，一定不要表现出自己有钱，别乖乖地就将钱双手奉上，就算对方说“我看见你花钱了，还花得不少呢”或者“我明明看见你很有钱”，也要立刻“撒个谎”，告诉对方现在自己没钱，如果对方想要，以后再约定个时间“给”他。

当然，说自己没钱的时候要适当地表现得软一些，比如可以说“好不巧啊，我刚把钱花掉了”，或者说“今天我没带那么多钱呀，可为难了呢”。此时可以发挥女孩子“能言善辩”的优势，用好话、软话来哄得对方暂时不会对我们有太大的敌意和威胁。否则，看似硬气地说一句“我没钱”，可能会激怒对方，难保他们不会做出什么让我们不能承受的事情。

接下来就可能会有两种情况：一种情况是对方妥协了，允许我们“缓一缓”给他钱；另一种情况就是，对方气焰更嚣张了，甚至来翻书包，变身为抢钱。面对这两种情况，我们的应对措施也要理智冷静。

对于第一种情况，我们就要趁着这“缓一缓”的时间赶紧将情况反映给学校、老师和父母，如果有必要，还可以将这样的事情反映给公安机关。

而面对第二种情况，如果他来翻书包，那就先让他翻。趁着他翻书包的时候，假如自己能跑，就以最快的速度跑开，并寻求最近的老师或者其他教职工的帮助。

如果自己当时被困住了，就要想尽办法通知附近的同学或朋友，请他们来帮忙。不过，如果大家都怕这些人，没人敢帮忙怎么办？这时我们就先保护好自己当时不受伤害，钱财就先任他拿走。当勒索者离开之后，再立刻将自己的遭遇告知老师或父母。

此时，千万不要想着“就这一次，也没什么吧”，更不要觉得如果告诉了老师，勒索者会来报复。其实，这些勒索者就是典型的“欺软怕硬”，要在第一次遭遇这类事的时候就如实反映给老师和父母，请他们帮忙确认是否要走法律途径。

也许有人会问，不是说自己的安全最重要，应该丢财保命吗？那种情况和现在所说的被频繁勒索是不同的。丢财保命，是遭遇突发状况，而被勒索，是一种频繁状态，难道我们要一直扔钱进这样的无底洞吗？当然不行，所以我们才要学会机智地应对。

总之，面对恐吓、威胁、勒索，我们就要记住一条解决问题的原则，那就是“迅速、坚强、灵活”，即快速地将问题暴露出来，坚强地应对发生在自己身上的遭遇，灵活地处理各种情况。

认识与应对“女生暴力”

晓岚是湖南省石门县某小学6年级的一名学生，2013年5月7日早上，晓岚班里的女生和男生因为争夺食堂座位发生了争执，男女同学混打在一起。但是晓岚却没有参加这场混战，然而正因为她的不参加，才招致了她寝室长艳艳的不满，艳艳当场就撂下一句狠话：“现在不帮忙，晚上就打你！”

当天晚上9点，寝室熄灯之后，艳艳就指使同寝室的小云爬到晓岚的床上给了她两耳光，还在她身上不停地又踩又踹。晓岚害怕地跳下了床，小云却不依不饶地追打了下来。与此同时，艳艳和另一位同学小颖也冲了过来，对着晓岚一顿拳打脚踢。

好不容易，艳艳她们才放过了晓岚，但随即晓岚就开始不停地呕吐，脸色苍白，室友们赶紧扶着她去找班主任和校医。由于晓岚没有告诉大家她被殴打了，校医也以为她只是简单的生理痛。但后来晓岚的头痛、胸闷、肚子疼引起了校医的怀疑，校医连忙将她送到了县人民医院，经医生诊断才发现，晓岚因外伤引发脾脏破裂，不得不立刻动手术摘除脾脏。当时的晓岚腹内大出血，4天后才脱离生命危险。

实际上，晓岚经常被班上的同学欺负，经常会被扇耳光、遭踢打，而大家之所以欺负她，却纯粹是因为“她好欺负，不反抗”。

晓岚的遭遇并不是个例，相信在我们中间，也一定有很多女孩曾经目睹甚至亲身经历过这种暴力的欺凌。

不得不说，女生暴力在近几年来越来越“猖狂”，所谓女生暴力，其实就是女孩对女孩的一种暴力行为，包括语言暴力、行为暴力以及精神上的冷暴力。不管是哪种暴力，都会给女孩造成身心上的伤害，严重的还可能会导致受害者身心的永久伤痛，甚至有的女孩因为无法忍受这种暴力而选择结束生命以示逃避。

因此，为了更好地度过校园生活，身为女孩，我们也要认清这种暴力，并学会应对，以保护好自己的身心健康。

其实，很多女孩在遭遇暴力时，并不是很清楚自己的处境。尤其是一些语言暴力和冷暴力，很多女孩无法分辨。比如，有时候班上的一群女孩会对某一个女孩冷嘲热讽，会联合大家一起不和这个女孩交往，或者大家一起对这个女孩动手动脚，对她使用的物品进行破坏损毁。

有的女孩对自己的遭遇会感到难过，却想不到自己已经遭遇了暴力，反而会认为自己做得不好，或者认为自己的某些行为“得罪”了大家，只想着让大家在自己身上出出气，大家就能原谅并接纳自己。而还有的女孩则是表现得很软弱，生怕自己的反抗会招来更多的暴力对待，因此也就逆来顺受。

为了自己的身心安全，我们还是对此多留心吧。尤其是那些已经有过类似经历的女孩，应该意识到此时自己正在遭遇“女生暴力”，接下来我们就该积极地去应对这种暴力了。

应对绝对不是让我们采取“以暴制暴”的方式去和对方打一架，或者找其他人来帮我们打一架，而是应该用理智且合法的手段来更好地保护自己。

遭遇暴力前，总会有一些先兆存在，比如，有的人会发出威胁或警告，而有时候我们可能也会和一些本性不良的人有过什么矛盾，这时我们要提高警惕，如果有可能最好提前通知老师或者父母，也就是多和他们交交心，让他们了解我们在学校的生活，知道我们都和怎样的人发生了怎样的事。

特别是正处在青春期的女孩，此时我们的内心可能会有各种各样的情绪波动，别太排斥父母，这时候最好多和爸爸妈妈沟通，双方多增进了解，让那些看不见的暴力“萌芽”尽早“枯萎”。

而当遭遇暴力时，我们就要懂得保护自己，尽量保护自己的要害部位、私密部位。不要傻傻地按照施暴者的要求去做，试试呼救，也可以试试自己逃脱，当然这些都是在能保证自己人身安全的前提下进行的，不要盲目地使劲挣脱或者反抗，尤其是对方人手比较多的时候，否则可能会给我们带来更大的伤害。

当遭遇暴力之后，一定不要自己承受，老师和爸爸妈妈就是我们可以求助的对象，最好如实相告，将自己受到的伤害都描述出来。而女生遭遇的暴力伤害有一些可能会比较难以启齿，比如我们的私密部位可能会受到伤害，这时最好将这种情况告诉妈妈，由妈妈来帮我们想办法解决。

有女孩会说“他们威胁我不让我告诉父母，否则就将不利于我的照片或视频四处散播”，对于这一点，我们也要如实相告，要让那些能帮助我们的人了解到我们到底都经历了什么，这样他们才能更好地施以援手。

私自传播他人的照片或者视频，已经是一种侵权行为，可以请爸爸妈妈带我们求助法律，以帮助我们挽回声誉。

另外，如果有条件，当暴力事件解决之后，我们可以转学或者离开这个伤心之地，身体上的伤痛经过一段时间之后可以痊愈，但心灵上的伤痛可能会需要更久的时间来恢复，所以有条件的话可以换个地方去生活、求学，或者求助心理医生以帮助我们更快地走出心理阴影。

前面说了那么多，都是已经遭遇了暴力之后的应对。那么我们有没有办法避免这种暴力呢？还是有的。一个最重要的因素就是，选择良友相交，也就是要慎重对待交友。

我们都渴望有朋友，但是不能盲目地结交，只有有道德的朋友才是值得相交的，无论是同性朋友，还是异性朋友，一定都要有优秀的人品，值得信赖，值得结交。否则，品行不端的朋友难保不会因为什么特殊的原因而出卖我们，或者结伙欺负我们。

结交良友，是避免遭遇暴力的最直接也是最好的办法，而且遇到危急时刻，良友也许还能帮我们逃脱暴力，所以一定要慎重对待交友。

总之，女生暴力是个令人心痛的现实，我们不能变成宰割羔羊的“屠夫”，但也同样不能变成任人宰割的羔羊。女孩本当以德为美，不做坏事的同时，也要保护自己不被暴力摧残。所以，我们要坚强勇敢一点，要懂得对恶势力说“不”，为自己构建一片安宁的学习环境。

与男生相处保持距离，不超越友谊界限

2014年11月的一天，沈阳的某一小旅店来了一对小情侣。看着两人稚嫩的脸庞，店员一眼就看出他们还是未成年人，可这两个孩子却张口就要开一间房。

店员一脸疑惑，不过按照规定，开房是要用身份证的，于是店员要求他们出示身份证。两个孩子显然还没有到能办身份证的年龄，房间自然也就开不成了。看到这里不能开房，两人便决定换另外一家旅店。

店员出于好心，觉得不能让两个孩子误入歧途，便急中生智，告诉他们可以留下他们的姓名，和经理通融一下，看能不能开房间，两个孩子这才留了下来。店员悄悄通知了经理吴先生，吴先生在和孩子们的交谈中得知，他们是这附近一所小学6年级的学生，这次是趁着学校提前半天放学的机会，瞒着父母来开房的。

吴先生赶紧将这一情况汇报给了辖区派出所民警，在民警的帮助下，两个孩子的父母迅速赶了过来，这才将两个孩子领了回去。

设想一下这个场景，着实令人担忧，两个还是小学生的孩子，结为情侣已经很让人吃惊了，他们竟然还想开房，幸好有机智的店员和好心的经理，这才没让两个尚还年幼的孩子过早品尝苦果。显然，如果就此放任不管的话，日后难保不会再发生什么难以挽回的事情，从而导致我们不愿意看到的结果发生。

异性交往一直是很多老师和父母格外重视的问题，尤其是我们到了青春期时，该如何与男生相处，便成了老师、父母最为紧张的事情。但也正是因为身处青春期，我们的情绪、情感也都进入了一种不稳定的状态，对异性的好奇，导致我们的情感开始萌芽，而对感情的好奇，又会使我们的情感释放得不得当，最终便很容易和我们自认为的“男朋友”一起，跨越友谊的界限，开始一场不合适的感情。

虽然不能说所有自青春期开始的感情都是错误的，但青春期开始的感情是不牢固也是不够真实的。因为青春期的孩子身心都在发生强烈的变化，此时很容易头脑一热就做出不理智的行为，一旦我们不能很好地处理与异性之间的相处，青春冲动的情感火焰，可能就会将我们烧得体无完肤。

也就是说，在还不能很好地把握自己的时候，我们更要理智地与男生相处，不要轻易就打破友情与爱情之间的界限，而是要让纯洁的友情陪伴我们度过快乐的校园时光。

因此，在和男孩相处的时候，女孩最好记住以下几个注意事项。

第一，要与男生分彼此。

女孩和男孩是好朋友，这也是很常见的事情，就像女孩和女孩之间会有亲密无间的友谊一样，有些女孩和男孩之间的友谊也会变得“亲密无间”，甚至到了不分你我的地步。如果到了这个地步，我们可就要好好考虑一下了。

因为男生毕竟是男生，他的思维方式和我们是不同的，我们觉得彼此就是“好哥们”，但他可能不这么看。尤其是在青春期的男生，他们对于女孩所做出来的任何一个看似亲密的举动，都可能会产生误解。

因此，别和男生太亲近，要时刻记住他的身份。别动不动就勾肩搭背表现出彼此的友好，而是要保持一定的距离，彼此间减少不必要的身体接触。同时，说笑间也要留有女孩特有的矜持，可以大方开朗，但不要口无遮拦。衣着也要符合年龄和学生身份的特征，别给男孩留下遐想的空间。

第二，多做属于女孩该做的事情。

有的女孩的行为处事可能会偏男孩一些，也很喜欢男孩的游戏，做男孩乐意做的事情，虽然不能说有错，但这容易导致我们迷失自己的性别。可男孩却依然能清楚地认识到我们是女孩，他们也许就会误以为我们这些看似很大大咧咧的表现，其实就是在向他们示好，这种误解也许就会给我们彼此间的友谊带来冲击。

女孩还是该多做女孩的事情，玩玩女孩的游戏，和女孩子一起说说女孩之间的知心话。可以和妈妈多聊聊，从妈妈身上感受一下女性的魅力。当然，也可以去问问爸爸，看看从他的角度来说，希望女孩应该怎样表现。我们最好还是找回自己身上那独属于女孩的特性，好好表现女孩的特点比较好。

第三，最好多结交两性的朋友。

多结交两性的朋友，可以让我们更好地协调自己的性别认知，从而使得自己更好地把握自己的性别特点，比如，我们可以在女性朋友身上感受到女性的特质，也可以在她们身上参考该如何与男孩相处。如此一来，我们也就会在这样的环境熏陶下保持好自己的女性特质。

而在男性朋友身上，也可以去感受他们对女性的感觉，反过来就能更好地调节我们自己的行为，以免给对方造成错觉。

总之，当我们能自如地和两性朋友互相交往时，也许就不会因为只和男孩交往而产生错误的友情了。

不在男女同学、男女朋友家留宿

2010年4月27日，对于很多人来说可能就是普通的一天，但对于当时才是初中生的杨梅来说，却是噩梦般的一天。

杨梅是四川省珙县的一名初中生，爸爸妈妈在外打工，她一直和奶奶一起生活。那天晚上，杨梅受好朋友倩倩的邀请，去倩倩家里玩耍。两个好朋友玩得忘了时间，倩倩便热情地邀请杨梅在自己家中过夜，杨梅玩得很开心，自然也就答应了倩倩的邀请。

晚上，杨梅和倩倩就睡在一张床上，两个好姐妹聊着天，说着悄悄话，直到慢慢睡着。可是杨梅却不知道，她的噩梦正在慢慢降临。

凌晨一点多的时候，倩倩的爸爸趁夜摸进了女儿的房间。看着熟睡中的杨梅，倩倩的爸爸那按捺不住的欲望终于爆发了，他悄悄地脱掉了杨梅的裤子，强奸了还在睡梦中的女孩……

最终，倩倩的爸爸因为强奸罪被判处有期徒刑。虽然噩梦的始作俑者已受到法律的制裁，但对于杨梅来说，这个噩梦也许会伴随她终生。

原本以为会开开心心地和闺蜜共度愉快的一晚，最终却以一场噩梦收尾，杨梅的遭遇令人感到无比难过。而她的遭遇有没有给我们也敲响一记警钟？

在有些女孩看来，因一些原因留宿同学或者朋友家里也算是一件比较正常的事情，毕竟同学或者朋友是自己认识的人，并不是什么陌生人，只不过是换了个地方睡觉而已，这应该也很平常。

但是，我们需要记住这样一句俗语："人心隔肚皮。"我们看得到周围人的外在表现，却看不到他们的内心。特别是男同学、男性朋友，或者女同学、女性朋友的男性家人，对于这些人我们可能根本就猜不透他们内心的想法。虽然不能说所有人都是坏人，可是防人之心不可无，否则我们毫无顾忌的一次留宿，有可能会让我们变成第二个杨梅。

因此，不管什么时候，我们都该多为自己的安全着想。

如果是去朋友家玩，就要先了解朋友家的情况，包括离自己家的远近、家里都有什么人等情况最好都了解清楚。在去朋友家之前，也要合理安排好时间，最好不要有在朋友家留宿的想法，不管朋友家离自己家是近还是远，都要留出回家的时间来，少玩一会儿也没什么，趁着天亮早早回家才是最安全的。

另外，在去朋友家之前，也一定要提前和爸爸妈妈打好招呼，最好将朋友的家庭情况也都如实告诉爸爸妈妈，如果有可能，将朋友家的电话也一并留给爸爸妈妈，以备不时之需。而我们不管是刚到朋友家还是离开朋友家时，也要和爸爸妈妈说一声，让他们有个时间计算，一旦出了问题也好提前有反应，最重要的是，这种及时通报也能让爸爸妈妈安心。

除了这种朋友邀请，还有一种情况可能也会导致我们在外留宿。

比如，杭州曾经有一位14岁的初中女生，仅仅因为爸爸妈妈离异，心里烦躁，觉得住在自己家里郁闷，就通过好友结识了一个比她不过大3岁的男孩子，接着就去这个男孩家里住了一晚，男孩的爷爷奶奶第二天才发现家里住了一个陌生女孩，这才报了警，女孩最终被父母领走了。

这是多么危险的举动！心情不好就留宿朋友家中，而且是刚认识的男性朋友，这情景想想都觉得让人心有余悸。

这也给我们提了一个醒，不要因为自己的心情不好，就随便离开安全的家，说句心里话，外面的世界虽能提供刺激和不一样的感受，但这种感受一瞬间就过去了，只有自己的家才会给我们带来安全与温暖，而且这种安全与温暖是永久的。所以，如果有了心事，不妨多和爸爸妈妈聊一聊，他们都是爱我们的，何必因为自己的一点小脾气就将自己推向如此危险的境地呢？

有的女孩会赌气说："就是因为爸爸妈妈，我才不得不离开家，还和他们聊，我才不呢！"的确，离家出走的绝大部分原因就是与爸爸妈妈闹了矛盾，但是爸爸妈妈哪个不是为我们好？被爸爸妈妈说两句也不是什么大不了的事情。《弟子规》中说，"父母教，须敬听；父母责，须顺承"，就是在提醒我们对爸爸妈妈的批评教育，一定要好好地听，而不能动不动就闹小姐脾气。因为爸爸妈妈总是为我们着想的，这一点我们到任何时候都应该清楚。如果我们真的有委屈，说清楚总要好过什么都不说就跑出去。想想看，本来就因为我们出了问题而难过的爸爸妈妈，再发现我们又一声不吭地跑出去留宿外人家，他们的内心该是多么难过和着急啊！

身为女孩，我们不能太过骄纵，同时也不能太过天真，不论是哪种情况，都不能随便离开家，也不能带着侥幸心理踏入陌生的环境，一定要有自我保护的意识，不要给那些心怀不轨的人留有一丁点儿的可乘之机。

与同学交往时以集体活动为主，避免男女独处

南南是某中学的一名初二的学生，因为性格开朗，她结交了很多朋友。南南的朋友里既有女孩，也有很多男孩，而对于朋友的要求，热心的南南总是不会拒绝。

一天下午，体育委员林天告诉南南，上体育课时，有女生在器材室留下了两件衣服，因为是女生的裙子，他不好拿着去问是谁的，所以就请南南这个好朋友帮忙。

南南自然是满口答应，和林天一起来到了体育器材室。南南刚走进体育器材室，林天就忽然关上了门，并扑上来一把抱住了南南，直说自己一直喜欢她，希望南南能和他交往，不仅如此，林天的手还在南南身上到处乱摸。

南南吓得大叫一声，她使劲挣脱了林天的怀抱，再也顾不上同学的裙子，一脚踹开门跑了出去。

事后南南害怕极了，再也不敢面对林天了，不仅如此，从此以后，只要是男生来找她，她都绝对不愿意单独和男生接触了，而是一定要拉上一两个女同学这才放心。

一段时间里，很多学校特别是中学，都出台了类似于“男女生不得独处”这样的规定，而有很多学生对这种规定也抱怨颇多，认为学校管得太宽，还有的学生甚至觉得学校很不人性。可看了南南的遭遇之后，我们是不是也该多想想了呢？也许学校的规定在某些方面会比较死板，但是这些

规定却无一不是在为我们着想。

同学之间的交往原本再平常不过了，可是当我们步入青春期后，和异性朋友之间的相处就会有些暧昧气息了。这是因为青春期的孩子对于情感都会有好奇心，可能之前还能好好看待周围的同学，可青春期一来，周围的异性就会变得具有超强的吸引力。尤其是看到自己心仪的女孩，男孩子们则会越发想通过独处来表达自己的心意，想来一些大胆的尝试。

有的男孩会利用各种借口来邀请女孩和他单独相处，比如，他可能会邀请女孩去自己的家，邀请女孩和自己去感兴趣的地方，邀请女孩到一些陌生的地方，等等。

有的男孩则会人为地创造一些与女孩单独相处的空间，比如，借口有事，在放学时间里，等到大家都走了，和女孩独处于教室中；和自己的朋友打好招呼，创造一个只剩下女孩和自己的空间；等等。

而作为女孩子来说，不管是遇到哪种情况，我们都应该在心中拉起“警报”。因为男孩子的任何一个独处的要求，都是危险的。就算那个男孩是我们也喜欢的对象，或者说不讨厌，特别是那些和我们关系非常好的男孩，我们也要多多留心。

比如，如果对方单独邀请我们去做什么事情，我们可不要当即就满口答应下来，而是问一句“我能叫上朋友一起去吗”，或者换一种说法“这么好玩的事，我们多找几个人吧”。

假如对方用其他说辞来劝说，我们可以比他快一步来处理，以此来摆脱他的纠缠。比如，当我们说完“多找几个人”的提议之后，就可以立刻回头招呼自己的朋友，并大声将对方的要求说出来，不给对方以推辞的时间，一旦人多了大家就可以集体活动了，这也就能避免独处所带来的一些隐藏危险。

当然，还有一种情况是，男孩可能会通过其他人来传话，把我们单独叫出去。这种情况下我们也不要“欣然赴约”，特别是当对方要求约见的地点很隐蔽的时候，比如是教学楼的某个角落、学校操场旁的僻静之处，再比如像是前面的林天那样，利用自己的一些职务之便选择的某些可能会造成单独相处的场所，这些地方我们都要当心。

而对于男孩在我们不注意的情况下刻意制造出来的两人独处情况，我们则应该冷静处理。此时不要慌张，先要确保自己和对方之间保持一定的距离，如果是在教室，最好先移动到教室门口的地方；如果是在外面，则要尽量向人多的地方靠近。

一旦发现我们陷入了两人独处的情况，那么我们最好暗中准备好一个应手之物，比如铅笔、尺子或者钥匙，以防止对方突然扑上来做出不理智的举动，应注意这只是用来防身的，而不能做出太多危险的行为。

女孩不要觉得异性的邀请是一个很心动的过程，这时候的我们还不足以承受心动所带来的后果，而是应该先考虑到这样做可能会给我们带来的危险后果。所以，直接拒绝不是不可以的，让同学帮忙再将口信捎回去就可以了。不过，即便为了礼貌而去回复对方，也要叫上朋友一起去。最好多叫上几个朋友，但不要只叫男性朋友，而是男女朋友都要叫上，这样相对来说会安全一些。

不单独与男老师相处

晴晴在深圳市某小学读二年级，由于请病假而错过了一次随堂考试，在一节体育课时，她的数学男老师叶老师就将她单独叫到了办公室，要求她不要上体育课了，而是在办公室做那次考试的试卷。

可是，就在晴晴站在桌子前做卷子的时候，叶老师却把手从晴晴的短裤校服下面伸了进去，反复摸着她的臀部。摸了一会儿之后，叶老师就把手抽走了，改完几张卷子后，接着就再把手伸进晴晴的衣服里继续摸。后来晴晴实在忍不住了才说："妈妈说，屁股不能让别人摸。"叶老师这才停了手。

本来很简单的卷子，紧张又害怕的晴晴却花了50分钟才做完。叶老师让晴晴放下卷子，这才让她离开了办公室。

事后，晴晴害怕极了，给妈妈打电话直说要转学，说有老师欺负她，妈妈这才了解了实情，气愤至极的妈妈随即报了警，叶老师也很快被警方以猥亵女童的罪名刑拘。

听到晴晴的遭遇之后，有些女孩可能会产生一种恐惧心理，也许会对学校的男老师都有一种需要"另眼相看"的感觉。其实，并不是说所有的男老师都像这个叶老师一样，不过我们却要注意这样一种潜在的危险。

所谓潜在的危险，就是说某些男老师也许表面看来没什么，甚至他在教学方面可能比较优秀，或者说他还很受同学们的欢迎。但是，这些都只是表面现象，我们无从得知他的内心想法，说不定他就会借着讲解难题、答疑解惑的机会做一些让我们难堪、恐惧的事情。

在本书第一节中，曾经提到过类似的一个故事，故事中的女孩巧妙机智地回避了和男老师独处一室的尴尬以及隐患。也就是说，我们也完全有能力在保护好自己的前提下去和男老师相处，所以，建议试试下面这些小技巧。

第一，要在男老师面前有分寸。

有些女孩的性格会非常活泼，在老师面前撒个娇也是常事，但是在男老师面前我们的言谈举止就要有所收敛，别肆无忌惮地在老师面前又笑又闹，特别是夏天穿得少的时候，更不要在男老师面前表现得很随便，行走坐卧都要有规矩。比如，如果穿着短裙子、短裤，就别往老师身上靠；裸着的手臂、大腿，也不能随便去碰触男老师的身体；等等。

向男老师问问题或者聊天的时候，一定要保持足够的距离，要像一个学生的样子，对老师要有恭敬之心，而不要有太多的笑闹。也就是说，从我们自己这里开始，就要把握好与男老师相处的分寸，自己首先尊重自己，这样才不会给他人以误解。

第二，如果去找男老师，最好几个人结伴去。

学校里总是会有各种问题需要找老师处理，特别是如果我们的班主任就是男老师的话，我们会有更多的机会与他接触。不过，不管是找男老师有什么事情，我们最好都不要自己一个人去，找几个同学结伴而行最好。

比如，如果要找老师问问题，就可以先看看周围的同学有没有什么问题，或者是不是都有同样的问题，然后和大家结伴一起去和老师商量讨论，这样相对来说安全一些。

第三，选择在人多的场合下与男老师相处。

举个例子来说，如果我们需要找男老师解决问题，走到他的办公室，发现里面只要有他自己在，那么假如问题不是很紧急的话，我们不妨先缓一缓，等办公室里有其他老师在的时候再去说也不迟。也就是说，我们应该尽量给自己寻找安全的相处机会。

而且，在人多的场合下，如果男老师真的有什么不理智的举动，我们就可以通过喊叫声来吸引其他人的注意。这时我们要勇敢一些，毕竟男老师的举动已经侵犯了我们的人身安全，所以勇敢地喊出来才能对他起到震慑作用，并得到其他人对我们的帮助。

第四，灵活处理不可避免的单独会面。

虽然我们需要避免与男老师单独相处，但是在某些情况下，我们还是可能会遇到与男老师一对一的局面。比如，作为班主任的男老师把我们单独叫到办公室，和我们讨论学习或者班级里的其他问题。如果推托不去是不合适的，叫上其他同学也是不可能的，那么我们也就不得不和男老师单独面对面了。

这时，我们也不是一定要绝对顺从的。比如，可以站在门口和老师说，或者询问老师能不能开着办公室的门。总之，就是不要把自己和男老师两人放在一个封闭的空间，要让来往的人都看得到房间里的情景最好。

另外，我们也可以和自己的同学或者好朋友提一句，让他们知道我们去见男老师了，并提醒他们如果多久还没有回来的话，就找其他借口去找一下老师，以确定我们的安全。

前面虽然说了这么多，但是我们却不要对男老师有太过分的抵触心理。还是那句话，不是所有的男老师都是坏人，我们对老师要有尊敬之心，只不过与此同时也要注意保护好自己就是了。

与异性的言谈举止要自重，不随便，不轻浮

玲玲是某校初中二年级的学生，原本活泼开朗的她，最近一段日子却总是提心吊胆，每天上学她都跟做贼一样，只有确定没有问题才敢出门，就算出门她也会东张西望，有时候还会央求爸爸送她去学校。

原来，玲玲正瞒着家人和外校的一名男生早恋，但由于她自身言谈举止颇为随便，和男生交往时，也总是动不动就动手动脚，还毫不顾忌地坐在男生的身上，有时候会说一些很露骨的话，结果对方判断她是个很轻浮的女孩子，所以便和一个“哥们儿”一起将玲玲带回自己家里。幸亏玲玲反应灵敏，在两个男生对她动手动脚时，瞅准机会夺门而出，这才免于被侵害的厄运。

但是男生很不甘心，总是想找机会再把玲玲带回家。而且还放出话来，非要让玲玲弥补他的“损失”，这才使玲玲越发害怕，可她又不敢完全告诉家人，只说是自己不小心招惹了人，躲几天就好。爸爸妈妈也误以为她不过是和同学闹了矛盾，反倒劝她要好好和同学相处，玲玲现在悔不当初，却也有苦说不出。

玲玲现如今的境况能抱怨谁呢？抱怨那个和她交往的男生吗？虽然他也有不可推卸的责任，可究其根本，还是玲玲自己不懂得自重自爱，这才给他人造成了误解。再加上误解她的人本身人品似乎也有些问题，这最终的苦果只能由玲玲自己来承担。

身为女孩子，言谈举止轻浮其实是很可怕的一件事，因为这样的表现

就犹如一块巨大的屏障，会将女孩本身其他的优点都遮盖了，即便你学习再好，即便你再乐于助人，即便你再怎么有其他好的表现，但只要举止轻浮，也同样会被人们“另眼看待”。大家会不自觉地将举止不自重的女孩子归类到“坏孩子”中去，会觉得这样的女孩不管做什么都带着一种“轻浮气息”。其实，仅仅是这种言论和猜疑，也会给我们的内心带来不小的冲击。

更何况，这种轻浮的举止，还会给别有用心的异性传递一种错误的信息，他们会觉得我们就是在向他们发出某种暗示，我们所“期待”的就是他们所“理解”的，如此一来，岂不是我们自己惹祸上身？

所以，女孩应有的矜持可千万不要丢掉，平时的言谈举止最好要有分寸。

比如，言谈声音不要太吵闹，不管是说正事还是讲笑话，都不要肆无忌惮地放声吵闹，讲话的内容也要文明，不要说一些露骨暧昧的内容，否则很容易招致他人的误会；动作、幅度不要失体，要有女孩子的端庄感，举手投足要文静一些，别大大咧咧地随便“摆放”自己的身体，尤其是坐下的时候，特别是不要两腿大张，身体还乱颤；等等。

有的女孩可能会问：“是不是在男孩面前做到前面说的那些就够了？”不，当然不是，前面说到的那些，只是对我们平时表现的要求。因为平时的表现就是一种自我展示，周围的人会通过平时的表现来确定我们自身的性质。就像前面的玲玲那样，正是她平时的表现，才让周围的人误以为她很轻浮。因此，平时我们就要养成良好的言谈举止习惯。

至于说在异性面前，不管是言谈还是举止动作，我们都该更加注意。

先来说言谈。

在异性面前，我们的言谈要有女性的特点，温柔、含蓄，说话的内容要干干净净，杜绝污言秽语，不要过多打听男孩子的事情，尤其是隐私问题更要回避。回应男孩的话语也要言简意赅，而且还要斩钉截铁，不要表现得模棱两可，特别是在一些很暧昧的话题面前，不要给男孩留下可以期待的可能。

另外，言语、神态也要正常，可以真诚地看着对方说话，但不要一直直视；可以微笑，可也不要笑得东倒西歪，更不要笑得歪在男孩身上；眼神也要干净，不要想得太多，别被对方的话迷倒，要保持清醒。

再来说动作。

除了前面提到的要和异性保持一定的距离，我们自己的动作也要有礼有节。别在男孩子面前过分扭动身体，否则就是最为轻浮的表现，同时也要避免搔首弄姿。在异性面前，要大方，谈笑自如就好，手和脚也应该规规矩矩地放好。

有的女孩说话时会不自觉地将手或者脚放到一旁男孩的身上，或者很自然地就靠了过去，这其实都是不合适的。我们以为这是哥俩好的表现，可实际上男孩却会对这样的动作产生误会，所以说话就说话，别随便就把手搭在男孩的身上，我们矜持地保持了距离，就能断了男孩的幻想。

另外，在异性面前我们也要注意自己的衣着打扮。穿衣服的时候，要特别注意领口、腰部、大腿处，不要选择低领、低腰、露大腿或者薄、露、透的衣服，别给男生或成年男性带来视觉上的冲击，从而避免他们被“晃花了眼睛”而实施不当的行为。

如果万一不小心穿了这样的衣服，在男孩面前的动作就更要小心，做弯腰、抬手、抬腿等动作时，手要遮住可能会暴露的地方，这种做法不仅是保护自己，也是尊重自己，更是尊重对方。

对他人“献殷勤”一定要小心

2014年1月的一天下午，贵州省某县中学刚放学，几个男生正在操场上打篮球。突然，其中一个男生发现操场边上站着一个漂亮的女孩，女孩正和身边的朋友说说笑笑，看上去很开心。

原来这个“男生”并不是这所学校的学生，而是一个18岁的社会青年刘某，他不过是来学校打篮球消遣的。而被他看上的那个女孩，则是学校里一名刚上初一的女生，名叫小莲。

刘某对小莲颇感兴趣，便直接走过去和她搭讪起来。涉世未深的小莲，被刘某的几番笑话逗得哈哈笑。紧接着，刘某便对着小莲献起了殷勤，又是夸她漂亮，又是说她很能和自己聊得来，小莲听了害羞不已。刘某见事情有进展，便哄骗小莲想要带她出去玩，同时还信誓旦旦地表示自己一定会照顾好她，保证不让她受委屈。单纯的小莲在刘某的百般劝说下，果然跟着他离开了学校，在天色已晚的时候，走进了一家歌舞厅。

在歌舞厅里，刘某原形毕露，对小莲动手动脚，在小莲表示反对之后，他依然不死心，反而用猜拳游戏哄骗着小莲喝醉酒。趁着小莲昏昏欲睡的时候，刘某对她实施了性侵害。

等到清醒之后，小莲悔恨不已，但也赶紧报了警。最终，警方将逃回家中的刘某抓获，以强奸罪对其定罪处罚。

俗话说：“无事献殷勤，非奸即盗。”大致意思就是，如果有人对我们献殷勤，他多半是带有某种目的的，当然这种目的也多半是不怀好意的。看看小莲，她就遭遇了“无事献殷勤”，结果让自己受到了无端的伤害。

可是，说句实在话，被献殷勤，任谁都难免会产生心理优越感，进而就会放松警惕。身为女孩子本来就更喜欢被人捧着、赞着、夸着、“宝贝”着，也会非常享受这样一个过程。再加上我们本来就没有那么多心机，太过单纯，所以几句花言巧语就可能将我们诱骗至陷阱之中。

那么既然已经知道了自己的弱点之所在，我们就该想办法去弥补，要学会辨别他人的“献殷勤”，并能察觉到这些“献殷勤”背后的不良动机，以更好地保护自己。

首先，小心不要落入别人的“糖果陷阱”。

有句话说，“除了父母不会有人无缘无故对你好”，看上去这句话很俗气，而且说得很绝对，但何尝不是如此，那些无缘无故对我们看上去特别好的人，可能都是想实现自己的目的罢了。也就是说，当他人不断地夸赞我们的时候，我们不要骄傲，不要心安理得地享受；当他人跑前跑后帮我们做了那么多事的时候，也不要觉得这是对方心甘情愿的表现，最好多想想，如果有可能就多和对方聊聊看，了解他们为什么这样做，以免我们已经陷入对方的“糖果陷阱”还不自知，最终只能任人摆布。

当然，有些人可能真的是想对我们好，比如那些真心想和我们相交的朋友、那些真的为我们着想的挚友，但我们也要在充分了解这个人的前提下才能接受他的付出，而且对于对方的付出我们也要有所回报。

其次，对于异性的献殷勤要格外警惕。

小莲之所以会遭遇那样的惨境，就是因为她对异性的示好没有防备之心。其实，这也是人之常情。几乎所有女孩子的内心都希望自己是公主，都希望能有人好好欣赏与爱护自己，异性的示好、夸赞、呵护，都会让感情方面更单纯的我们感觉颇为满足，从而卸下防备。

这才是最危险的情况，其实要严格说起来，该对所有向我们“献殷勤”的异性说“不”，那些都是花言巧语，有些是不现实的话，不过就是用来哄我们开心的假话。实际上，我们理应认清自己，了解自己本身的特点，明确自己的长处与缺点，不要轻易就被几句奉承捧得找不到方向。

其实，要警惕异性的献殷勤很简单，只要他们一开口夸赞，我们就该在心底拉起防线，提醒自己“不要被迷惑”。可以将他的夸赞当成一种聊天的内容，听听就算了，可千万不要太往心里去。如果他趁着献殷勤再提出什么其他要求，我们就要严词拒绝，以免上当。

最后，不要忽略同性朋友的“献殷勤”。

如果说男孩子对女孩子献殷勤多半是有目的的，那么对于我们的同性伙伴献殷勤，很多女孩可能就会忽略其危险性了。毕竟都是女孩子，彼此夸赞吹捧一下也没什么。实际上，有些心怀不轨的女孩恰恰就会利用这时我们的疏于防备而实现她的目的。

比如，曾经有一个女孩，在朋友不断献殷勤之下，答应了朋友的借钱要求，结果将家中的大笔存款尽数送人，最终令她追悔莫及。还有的女孩专门坑骗身边的好姐妹，为了满足自己的私欲或者受了坏人的蛊惑，就对其他女孩献殷勤，用花言巧语和彼此的亲密姐妹关系，来打动身边的女孩，说是带着大家去见识新鲜世界，出去挣钱自己花，结果却是把朋友骗去卖淫。甚至还会将她们送到拐卖者的手上，把她们“转手倒卖”。

因此，即便同是女孩，即便彼此是朋友，我们也要多一个心眼儿，别轻易就听信对方的花言巧语，凡事多思考，尽量保持冷静和理智。

爱慕虚荣、攀比、炫耀财富是要不得的

暑假的一天，15岁的琳琳到外婆家玩，刚好赶上外婆整理自己的退休金。原来外婆想用自己积攒多年的钱换套家具，所以将钱都取了出来准备好好分配使用。外婆年岁大了，怕自己数不清楚，便让琳琳帮着她数钱，琳琳欣然同意。

数到一半的时候，琳琳忽然冒出个想法：班上好多同学家境富裕，都在微博、微信上晒名包名牌，她觉得这次自己也有了资本，于是赶紧掏出手机，将自己和一堆钱在一起的画面拍了下来，接着就发到了微博上，并写道："看，这么多钱！羡慕我吧！"很快，朋友们就纷纷回复评论，琳琳开心地一边解释，一边享受大家的惊讶与羡慕。

可哪知道，就在这条微博发布之后的第二天，琳琳的外婆家就有窃贼"光顾"了，虽然当时家中没人，但好在外婆的钱已被琳琳的爸爸拿走买家具去了，窃贼只是偷走了零散的现金和一部数码相机。

家人及时报了案，警方经过调查追踪，很快就将涉案的两名犯罪嫌疑人抓获。经过审讯，犯罪嫌疑人交代，他们正是通过琳琳发布的那条"炫富"微博才起了歹心，而琳琳的微博又设置了定位功能，所以他们很容易就确定了琳琳外婆家的位置，从而实施了盗窃。

时下，玩微博已经是很多人生活中不可缺少的一项休闲消遣活动了，人们在其上发布自己各种心情、活动，贴照片、放视频。但是，在与朋友分享自己生活的同时，人们却也不可避免地将自己的生活暴露在了大众视

野之内。除了微博，微信、QQ等很多其他交流沟通的方式也同样存在这种情况，很多人在不知不觉中让自己的生活变得越来越透明。

而这种越发透明的生活其实给我们带来了一种隐患，那就是不仅仅是好朋友能了解我们的生活状态，一些心怀不轨的人也同样能窥探到这些内容，就如琳琳所遭遇的这件事一样，我们的一个不经意没准儿也会让自己变成被犯罪分子盯上的对象。

可是，话说回来，不管是微博还是其他沟通方式，其主动者都是我们自己，也就是说，不管要发布什么内容，都是出于我们自己的主观意愿的。如果我们自己不那么爱慕虚荣，本身没想着要攀比、炫耀，那么那些可以暴露经济状态的微博也就不会被发布出去，我们或者我们家庭的真实情况也就不会被外人所得知。

所以，归根结底，我们还是要牢记，爱慕虚荣、攀比、炫耀是要不得的。身为学生，我们越安分守己，也就越不会惹祸上身。

那么，我们该怎样避免自己落入炫富的旋涡之中呢？

第一，爱惜父母的血汗钱。

这一点是绝对要遵守的！现在的我们，绝大多数人都是没有经济来源的，都没有足够的能力去自己赚取更多的钱财，所以不管怎样炫耀，炫耀的都是父母为我们奔波操劳打下的天下与财富，与我们自身其实没有多大的关联。所以，这种炫耀对我们来说是毫无意义的，但是对不法分子却是颇有提示的，他们可能会通过我们的炫耀来得知我们的家底，并由此对我们和我们的家庭造成不利。

除了不炫耀，我们平时对父母血汗钱的使用也要有分寸，别动不动就颇为大方地出手，要学会使用零花钱，多和父母学学理财，妥善处理类似于压岁钱这样的大笔金钱。只要我们对父母心存感恩、心存孝心，就应该不会总想着挥霍。

第二，多关注自己内在的东西。

攀比、炫耀，其实都不过是为了彰显自己的外在，是一种比较肤浅的

“争强好胜”。看看我们身边的很多女孩，她们会炫耀自己的名牌衣服，彼此攀比所用文具的品牌与价格，如果自己被比下去了还会难过、生气。

过分关注外在，我们很容易就会陷入一种物质欲望之中。但校园是让我们学习、进步的地方，可绝对不是我们攀比、炫耀的争斗场。因此，就只是从学生的角度出发，我们也该多关注自己的内在，多想想自己还有哪些知识没有掌握，多感受自己还需要学习多少内容，多在学习方面你追我赶，这才是我们应该考虑的事情。

第三，慎重使用各种社交软件。

说到社交软件，如果说我们“绝对不能用，连碰都不能碰”这是不可能的，时代在进步，科技在发展，我们不能脱离这个社会，所以我们也就不可避免地接触到这些东西。不过，接触没问题，但不要让其占据我们生活的主要地位。可以在休息的时候浏览一番，不要长时间待在上面难以自拔。

而在使用这些软件的时候，我们也要有自我防范意识。美国著名理财机构Credit Sesame在2011年年底曾经针对有盗窃前科的罪犯进行过一次调查，其结果显示，当时就有78%的小偷会使用社交网络进行前期踩点工作，他们会借助用户在社交网站上的各种公开信息以及显示状态实施入室盗窃。

所以，我们在使用这些社交软件时，要注意保护好自己的隐私，最好不要随便就暴露自己的照片，即便有照片，也不要暴露家中的摆设、位置，尤其要避开家中的贵重物品。同时，如果可以设定，就关闭定位功能，不给不法分子以“追查”的机会。

不跟同学、老师、校长等到校外的僻静场所

2011年6月，陕西省某县的小筝还只是一个年仅12岁的小学生，在某中心小学读6年级。但就在这个月的24日，小筝却经历了噩梦般的一天。

这一天，小筝给奶奶打电话说学校要补课，所以就不回家了。奶奶对此疑惑不已，孩子说不回家很反常。所以，下午还没放学，奶奶就来到学校门口接小筝了，带她一起回家。

可刚走到半路，学校一位姓高的老师就从后面追了上来，并让小筝坐上了他的摩托车，又向学校方向奔去。奶奶问小筝要去哪儿，小筝还没说话，高老师就说带她回去学校拿东西，一会儿就回来。

但到了晚上9点多，小筝却依然没有回家。奶奶着急地四处寻找，最终才听到小筝的一个同学说，是高老师让小筝收拾了洗漱用品和他一起去宝鸡市。奶奶更加着急了，但是无论如何也联系不上高老师。

直到第二天下午，小筝才回到了家，一回家就浑身发抖也不说话。奶奶赶紧打电话叫回了小筝的伯父，在伯父的开导下，小筝才断断续续地讲出了她的遭遇。

原来，高老师说小筝学习不算好，继续升学没希望，倒不如去宝鸡报考体校。所以，24日下午放学后，高老师才带着小筝去了宝鸡市，但在宝鸡市一宾馆里，高老师原形毕露，说只是带小筝来陪他玩玩，并趁机侵犯了她……

虽然当地警方和教育部门最终介入调查，但无论结果如何，小筝所遭

遇的那场噩梦恐怕再也难以消除了。

对于传道授业解惑的老师，我们普遍都会有一种尊敬之心，而对老师说的话，我们对其的重视程度，似乎比对父母的话还要更甚。这种尊敬之心就会导致我们在某些时候对老师言听计从，而一些心怀不轨的老师也就恰恰利用了这一点，这也正是小筝被老师侵害的原因。

除了老师，我们身边朝夕相处的同学、学校里颇有威信的校长，以及其他我们或信任或熟悉的人，都有可能像这位高老师一样，将我们带离熟悉的校园，带我们进入陌生且僻静的场所，进而进行其他不轨举动。

发生在小筝身上的事，并不是个例，所以我们也该对此引起重视。不要因为周边的人很熟悉就放松了警惕，也不要因为周边的人具有我们感觉不可抗拒的权威，就毫不怀疑。不管做什么事，不管去哪里，身为女孩的我们，都该时刻想着自己的人身安全，这样才能尽可能地保护自己不受伤害。

比如，如果有熟悉的同学要带我们去一个我们从来没去过的地方，这时我们要压抑自己的好奇心，别因为是好朋友就随口答应，而是要多一些考虑。

可以问问同学那是个什么地方，但也不要只听他的介绍，可以找机会自己也上网搜索一下，查一查对方说的地方的情况，看看他所说的是不是属实；同时，也要向对方了解去那个地方到底要做什么，看看要做的事情是不是适合我们这个年龄段的孩子去做，或者说是不是适合女孩子做；还可以问问都有谁去，有没有可负责任的人，有没有监护人；等等。

一旦我们觉得有一点点不安全，就可以直接拒绝，不要怕对你们的友谊有什么影响，毕竟我们的安全才是最重要的。另外，前面也曾经提到过，那就是不要单独答应同学的邀请，如果可能最好多叫上几个人，大家如果能一起活动，安全系数相对来说还是会高一些的。

如果我们遇到像小筝遇到的这种情况，就不要太过顺从于老师。老师要做什么，的确是有他的目的，可是我们不能只关注他口中的那个目的，而忽略了我们有可能和他单独相处这个事实。

对老师提出的任何一个要带我们走出校园的要求，我们都不能直接答应，不管他说的事情有多紧急，我们也要必须回应他“我要和爸爸妈妈商量一下”。如果对方不允许，那么我们就要果断拒绝他带我们出去的要求，并尽快找机会通知爸爸妈妈。

那么，和爸爸妈妈说过之后就可以直接跟着老师去了吗？当然也不是。我们完全可以建议老师就在学校里将要表达的事情表达清楚，就算一定要出门，一定要去某个地方，也应该是爸爸妈妈带着我们去，而不是由老师带领。特别是男老师对我们提出这样的要求，就更要格外小心，能拒绝的一定不要犹豫。

除了老师，像校长、教导主任等一些职位较高的领导也可能会对我们提出这样或那样的要求，并借机将我们带出学校。对这样一些人，有些女孩会觉得他们位高权重，于是便也更加不敢反抗。比如，有的女孩就表示，校长以“不去就开除你”要挟，她便不得不去。

其实，对于这样的事情，即便真的被开除，也不要轻易拿自己的安全去做赌注。能说出这样话的校领导，基本上其品性都不好，所以别太胆小，对这种无理的要求，直接拒绝，并立刻告诉爸爸妈妈，由爸爸妈妈出面去协调。

不过还是要把话再说回来，不是所有的同学、老师、校长都会做出那样的坏事来，我们需要提防的是某些人，需要在心里建立起一个防御机制，在面对这些人的时候，要时刻提醒自己当心，多一分小心没坏处。

◆第3章◆

在真实的社会历练自己、保护自己

相比宁静的校园，社会才是一个真正的大熔炉，在社会中经历的事情，才会成为我们人生成长的真正历练。所以，我们也该勇敢面对真实的社会，并学会在社会中保护自己，从而让自己更快地成长。

谨慎地对待陌生人、非正常的来电

佳佳是湖南省某县的一名初中女生，有一天她接到一名陌生男子的来电。对方说自己是个二十几岁的青年，机缘巧合得到了佳佳的手机号码，一时好奇便打了过来。对于这样的通话，佳佳并没有在意，也没有拒绝，反而和对方聊了几句，两人就如朋友一般。

原来，给佳佳打电话的是一位已经年近40岁的男人，姓万，万某没有固定职业，整日游手好闲。有一天，他偶然从一个朋友的手机上得知了佳佳的电话，知道对方是一名初中女学生之后，他便产生了不轨想法。

而由于佳佳对这个陌生的电话并没有拒绝，万某的歹意越发强烈。

两天后，他又一次打通了佳佳的电话，还诚恳地约佳佳出去玩，还要请她吃饭。面对陌生男子的邀请，懵懂的佳佳没有一点戒心，反而觉得有些新鲜刺激。

佳佳毫不犹豫地赴约，来到了万某所说的一处宾馆，而就在宾馆中，万某色相毕露，连续两次奸淫了佳佳。

当天晚上，佳佳的爸爸妈妈通过各种渠道找到了宾馆，同时报了警，这才解救了佳佳。

佳佳的遭遇，这一整件事情的发展也可以算是一种“顺其自然”。本来就是学生，以前接触到的都是周围的同学、老师、爸爸妈妈，认识的人也不多，忽然有一天居然有自己不认识的人，而且是社会上的人来主动联系自己，这就会给她带来一种新奇感。再加上佳佳此时正处于青春期，对方还称自己是二十几岁的青年，对异性的懵懂感觉，也会让我们对对方不会感到讨厌。那么既然不讨厌，对方的要求我们自然也就不会严词拒绝，谁知道会有什么好玩的事情等着自己呢？所以接下来的赴约也就“顺理成章”了。

正是这种“顺理成章”的想法以及处理方式，才给佳佳带来了厄运。仔细想一想，难道就没发现这其中的不自然吗？是什么导致了佳佳如此自然地接受了这样的事实发展？归根结底，还是自我保护意识薄弱。

忽然接到陌生人的来电，或者忽然收到了一个非正常的来电，有的女孩对其惊奇程度令人吃惊，她会想象“对方是谁？为什么会知道我的号码？他想说什么？如果有可能我们是不是能成为朋友？有没有可能来一次美丽的邂逅？”而一眼看去，这些想象都是那么美好，充满了对未知事物的憧憬。

在这里给大家“泼点凉水”：可不要将这些陌生的电话想象得如此好，能遇到好人的可能性真是微乎其微。就像佳佳这样，如果毫不设防地接起来，并带着美好的想象去处理的话，任何一个女孩都将难逃佳佳那样的厄运。

所以，还是那句话，一定要有防人之心，只要是不认识的电话，多个心眼比较好。

不过要说起来谨防陌生电话，首先我们就应该谨慎对待自己的电话号码，不管是手机号码还是家庭座机号码，都不要随便透露出去。即便是自己的同学，也要经过一段时间的相处之后，确定对方的人品才考虑给出电话号码。而且，不要将电话号码当成自己交友的手段，别随便就说给谁听，电话号码也属于我们的私人信息，要注意保护。

当然，有时候很多人可能会像前面提到的那位万某一样，从别人那里得知我们的号码，那么接下来我们就要这样做了。

当电话响起时，先不要急着接听，现在的手机或者座机电话一般都会有来电显示，如果不是熟人的号码，能忽略的最好还是忽略。有的女孩会担心，如果因此而错过某些重要的事情怎么办，其实用不着担心，如果真有重要的事情，那么对方一定会想方设法联系到我们，而不一定只是打一通电话就算了。

不过，有时候可能这一通陌生电话会反复拨打，这时我们可以接通电话，不过先不要说话，要等着对方先开口，以确定一下对方到底是谁。假如是熟悉的人，最好问清楚对方为什么使用陌生的号码，了解一个大概情况；如果是陌生人，那就暂时不要多说了，先听对方说了什么，此时我们只要听着就好。

陌生电话的内容可能会包括这样几种情况：打错电话的、搭讪的、推销的、诈骗的，等等。对于打错电话的，不要多说，直接告诉对方打错了，然后立刻挂掉电话就好，以防有些人利用打错电话来继续搭讪；对于和万某一样，本意就是想和我们搭讪的电话，也不要太“缠绵”，不管他说什么都不要在意，果断拒绝就好，不理会才是正确的处理方法；而对于推销的电话，建议也是直接挂掉，毕竟我们没有主动购买能力，不能做主买什么，也就不用理会这些东西了；至于说诈骗类的电话，我们要记住最重要的一点就是，千万要守口如瓶，不要轻易就将自己的姓名、地址、家庭成员情况、家中的现状、家中的经济情况等任何信息透露出去，即便对方说自己是父母的熟人也不行。

总之，陌生人或者非正常的电话，其内容都是我们所不能确定的，所以直接拒绝准没错，不给不法分子以任何可乘之机，虽然处理方法有些简单粗暴，但能很好地保护好自己才是最重要的，不是吗？

任何情况下都不要吸烟、喝酒

桑美和谭雅是好朋友，两人小学就是一个班的好姐妹，到了初中又被分到了一个班，使两人的友谊更加牢固。

这一天，谭雅过生日，邀请桑美和其他一些同学及几个和她要好的高年级的师兄到自己家开生日Party。给好姐妹过生日，桑美自然不会推辞，而且在生日宴会上，她还和谭雅一起张罗着让大家都吃好玩好。

吃饭过程中，谭雅趁着此时父母不在家，偷偷地买回来一箱啤酒，并说要大家不醉不归。在场的男孩女孩们无不感到兴奋，其中几个高年级的师兄尤其赞同。桑美因为一直四处张罗，因此师兄们便以感谢为名，不停地灌她酒喝。虽然是第一次喝，但桑美却觉得喝得很尽兴，索性便来者不拒。

很快，桑美喝醉了，开始东倒西歪，两个师兄自告奋勇将桑美扶进了谭雅的卧室，可是他们却没有立刻出来，而是趁着外面大家都喝得晕晕乎乎的时候，反锁了卧室房门，脱掉了已经醉得不省人事的桑美的衣服，侵犯了桑美。

直到第二天，桑美酒醒，才发现自己发生了什么，但此时早已悔之晚矣。

喝酒，原本就不是什么好习惯，更何况还是未成年的学生，而且是身体正处于青春期的少女。桑美看似豪放的喝酒举动，却给自己引来了噩梦，她的这个遭遇不能不给我们敲响警钟。

发生在桑美身上的事情，对于其他女孩来说，也多半不会设防。好朋友生日聚会，对新事物的好奇，大家的热情……种种因素综合在一起，可以说桑美是自己一步步走进了噩梦之中的。

但是，这其中还是有桑美可以自我控制的因素的，那就是“未成年不喝酒”这条铁律。如果她能牢牢把握住自己，能够控制住自己不受朋友的影响，不去碰不该碰的啤酒，相信事情的结局应该也不会这样了。

除了我们自己主动喝醉，还有一种情况，那就是有不怀好意的人在酒中下入迷药，这样的酒一下肚，我们也就便毫无抵抗之力了。

比如，有一个14岁的女孩去网吧上网，旁边坐着的一个社会青年不住地和她聊天，两人很快熟悉了起来。

眼看天色将晚，女孩想要回家，但青年却以彼此聊得投机为理由，请女孩再多待一会儿。随即，他买来了啤酒，打开后给了女孩，女孩毫无防备，接过啤酒直接喝了下去，但刚喝下去就开始头晕眼花。

青年扶着女孩进了网吧的卫生间，趁着女孩昏迷不醒将其强奸，并将女孩丢在卫生间自己一人离开。最后还是在网吧上网的人上厕所发现了女孩，这才报了警。

和陌生人在一起，不仅没有防范之心，还很自然地答应对方的挽留，并毫不犹豫地喝下对方打开的啤酒。女孩的毫无防备，才给了对方得手的机会。

这种掺入性的迷药，不仅可以放进酒里，还能放进香烟之中。社会上就曾经出现过一种迷烟，就是在卷烟中掺入可以令人昏迷的药物，一旦有人抽了这样的烟，人会很快昏迷，就算不昏迷，身体也会变得瘫软无力，最终只能任人宰割。

曾经就有两名初中女孩，被朋友叫去歌厅唱歌，时间久了，两个女孩觉得很疲劳想要离开，但被朋友劝住了，朋友接着又喊来了三名社会青年，他们就拿出了两支烟让两名女孩抽，说是“抽了就能解乏”。

因为是朋友的朋友，两个女孩也就没有设防，带着新奇的感觉接过了烟，学着他们的样子也很豪迈地吸了几口。哪知道，没过多久两人就人事不省了，原来这两支烟是被做过手脚的，里面放进了迷药。随即三名男青年支走了女孩的朋友，并保证会把这两个女孩送回家，但就在朋友走后，他们当即在歌厅的包间里对两个女孩实施了性侵犯。

同样是好奇心作怪，同样是对朋友不设防，这两个女孩其实和前面的桑美遭遇了同一个类型的噩梦。

其实，要从根儿上说起来，抽烟喝酒本来就不是什么好习惯，对成年人的身体尚且有莫大的危害，更何况是正在成长发育中的女孩呢？先不说那些被掺了东西的烟酒，单就是正常的烟酒，对女孩的身体都有很大的伤害。

不过，身为学生，身为女孩，却也学着抽烟、喝酒，总是会有些原因的。

首要原因就是好奇，特别是女孩接触烟酒的情况。可能我们先看到的是一些男生偷偷摸摸地抽烟喝酒，然后有女孩就会觉得自己是不是也可以试一试，接下来可能就会带着兴奋的心情去上手了。

除了好奇，再一个主要原因就是模仿。身边的人只要有沉迷于烟酒的，就会成为我们模仿的对象。特别是与我们同性别的同学、朋友或者亲戚沉迷于烟酒，那么我们的模仿就会更加“毫不犹豫”，而且越模仿越像。

还有一个原因就是一种随大溜。周围的伙伴们都在做这样一件事，我们如此不合群岂不是不能和小伙伴们一起好好玩耍了吗？于是，即便本身并不是那么真心自愿，有些女孩却也会为了不在朋友面前丢面子或显得小气而不得不沾染这些恶习。

最后一个原因则是因为自己情绪焦虑，因为各种原因而变得情绪不稳定，或者感觉无处发泄，也就和电视、电影里的人物或者身边人一样，借烟消烦躁，借酒消忧愁。

不得不说，不管是哪种原因，都绝对不是我们这个年龄段可以接触烟酒的正当理由。我们应该远离烟酒，永远不接触才是正确的做法。

所以，从一开始就该认识到烟酒的危害。

青少年正处于迅速成长发育的阶段，对烟草和酒精中的有毒有害物质有更强于成年人的“吸收能力”。医学研究证明，烟草中的有害物质会很直接地破坏呼吸器官的天然防病机能，而青少年的呼吸系统发育还不成熟，这些有害物质就更能够长驱直入身体，从而导致我们的呼吸道防御能力被削弱。而随之各种疾病也会跟着侵袭我们的身体，当身体不再健康时，我们的记忆力、智力都会受到影响，久而久之就会变得注意力不集中，出现头痛、头昏现象，思维也会变得迟钝。

女生如果长期吸烟，则会导致生理期的变化，比如会出现月经初潮推迟、月经紊乱、痛经等，还可能会引起子宫颈增生不良和子宫颈癌，吸烟年龄越早，疾病的发病率也会越高。

至于喝酒，也同样会引起血压升高、消化不良、胃肠道慢性炎症等一系列消化系统的疾病。经常饮酒的人还会导致大脑功能失调、神经衰弱、智力减退、记忆力下降等各种问题，从而影响学习、健康和生长发育。

有些女孩喝酒之后会借酒闹事，也就是俗称的“撒酒疯”，不仅扰乱自己的生活，还可能会给他人的生活造成不利影响。更危险的是，醉酒状态下，女孩相当于毫无防备，很容易就会被不轨之徒乘虚而入。

所以，作为女孩，任何情况下都不应该吸烟、喝酒。不要受到周围人的影响，如果周围朋友开始接触烟酒了，我们作为朋友反倒应该多劝劝她们，让她们也意识到这样做对自己身体的伤害有多大，而我们则要坚持自己的原则，别轻易就被诱惑。

如果感觉自己很烦躁，那就和爸爸妈妈聊聊天，或去找心理医生倾诉一下，可不要自己一个人憋闷着，想不出解决办法就学成年人抽烟、喝酒。

另外，有的女生可能受到一些错误的影响，认为抽烟的女人很优雅，认为喝酒的女人很神秘，这些都是幻想而已，都只是错觉，健康的女孩才是大家所喜欢的，优雅也是一种内在的气质，可不是外在的表现能反映出来的哦。

当我们能抵御住这些正常的烟酒恶习时，应该也就能防范得住那些不正常的烟酒了，因为我们不吸烟，也就不会盲目地接过对方递过来的迷烟；因为我们不喝酒，也就不会因为误喝掺了迷药的酒而出现其他状况。

所以，不管到任何时候，不管是从自己的身体健康还是人身安全的角度去考虑，我们都不要碰触烟酒，这是铁律，也是自我保护的一道屏障。当然，那种成人娱乐场所，我们也一定不要去，不好奇，不凑热闹，真正做到“斗闹场，绝勿近”。

坚决远离毒品，不要因为好奇而尝试

一天，某派出所得到线索，有人在派出所辖区内吸毒。警方迅速出击，抓获了两名吸毒人员，经过尿样检测，证实了两人的确吸食了毒品。而令所有人都感到惊讶的是，两人中的一人竟然是一名年仅14岁的少女。

少女名叫琪琪，在当地某中学上初中。在未成年保护组织的见证下，琪琪向警方讲述了自己吸毒的经历。

原来，她开始吸食毒品只是为了寻找刺激，性格叛逆的她有一次和朋友去喝酒，喝到开心的时候，觉得喝酒刺激不够强烈，便想做点更刺激的事情，于是和朋友一起弄来毒品吸食。

更重要的是，琪琪并不知道吸毒已经违法，反而还问民警还要多久才能回家，这让所有的办案民警都感到心情无比沉重。

吸毒本身就已经是一件大错特错的事情了，琪琪竟然还不知道这样做已经违法，如此“懵懂无知”，难怪民警会心痛。

毒品离我们其实也不远，因为吸毒人员的年龄开始向低龄化发展，而吸毒的人也并不仅仅限于男性，很多女孩因为好奇而吸毒，很多女孩为了寻找更大的刺激而吸毒，还有女孩是在朋友的欺骗下吸毒，更有女孩被朋友一忽悠就“毫不畏惧”地将毒品“引入”了身体里。

吸了毒之后呢？真的如某些人所描述的“感觉美妙”吗？当然不是，吸毒会给人带来幻觉，可能在吸过之后的一瞬间会有那么一点美妙的感觉，可这感觉也就仅仅只是一瞬间而已，随之而来的就是难以抑制的痛苦。

虽不能说绝对没有戒毒成功的人，但绝大多数的人一旦沾染上毒品，那么终生都将深受其害。比如，曾经有吸毒成瘾的女孩描述说：“吸毒就得总吸，不吸就不舒服，浑身没力，忽冷忽热，还总是打哈欠，也吃不下饭……”这种状态仅仅听听都会觉得很难受。而对于女孩来说，吸毒的危害还不仅如此。

有吸毒女孩曾经说：“吸毒就是整个人堕落的开始。”为什么这样说？吸毒需要大量金钱做后盾，未成年女孩的金钱来源本就单一，一旦没了钱，父母又不给，偏还犯了毒瘾的时候，为了能要到钱，女孩几乎什么都会做，去偷去抢，甚至去出卖自己的身体。而吸毒后的女孩，其所结交的人也必然都会是品行不端的人，跟这样的人在一起，女孩堕落的速度也会更快，彻底变化几乎也就是一眨眼的工夫了。

每个女孩都有享受快乐的权利，可那份快乐并不应该是毒品所带来的，远离毒品不需要任何理由，本就是我们该毫不犹豫并严格执行的一项要求。不过，为了保险起见，我们还是试着按照以下的方法来做吧。

第一，不要轻信任何“吸了没事”的说法。

有一部分女孩第一次吸毒时，都是好奇心和侥幸心理在作怪，她们会觉得“只是尝尝而已，反正她们都说吸了没事，再说也吸得不多，没问题”。可吸毒几乎是一条不归路，一旦踏上便再也难回头。而那些说“吸了没事”的人也都不是关心你的人，他们不过都是想拉你下水，让你和他们一起堕落。

只要吸毒，一定会对身体有伤害，这才是正确的道理。所以，不管对方如何花言巧语，不管对方拍着胸脯保证什么，我们都要守好自己的底线，坚决不碰毒品。

第二，别随便品尝他人递过来的东西，尤其是陌生人。

如前所说，我们自己要有主心骨，坚决不碰毒品。可是，很多时候我们不主动，他人却会换一种方式让我们被动接受毒品。比如，我们可能会经常看到类似这样的新闻，有人将毒品溶解在饮料或者其他食品中，骗女孩喝下，并借机做出其他不轨的事情。

某天晚上，两名女孩被同学叫去唱歌，一起唱歌的人中还有两个社会青年。在唱歌过程中，两名男青年拿出了吸毒工具，并说这个东西可以帮大家提神。两个女孩没有见过这些东西，一时好奇，也都接过来学着男青年的样子吸了一口。

初次吸毒的两个女孩立刻进入了一种难以描述的感觉之中，两个男青年此时拉着女孩们去了旁边的包间……

这两个女孩的遭遇，就是轻易接受他人的“友情邀请”而带来的。要避免这样的情况发生，唯一的解决办法就是拒绝。别觉得这样做不近人情，我们总要为自己的人身安全着想。特别是陌生人的热情招待，我们一定要谨慎对待，尤其是对方拿来的已经开了口的食物、饮料，我们就更要格外留心，能拒绝就要拒绝，不过话也可以说得委婉一些，或者找其他事情转移注意力，以免自己受到意想不到的伤害。

第三，如果无能为力，尽量远离吸毒的朋友。

也许我们周围就有吸毒的朋友，当然我们可以劝一劝，毕竟也是出于朋友的情谊。不过假如我们没有能力将朋友劝回来，那么最好暂时远离吸毒的朋友。因为我们不能保证他们什么时候也会将我们拉进吸毒的圈子，也不能保证他们犯毒瘾时会做出什么危险的事情来。所以，当我们自己都无能为力的时候，也就只能远离他们了。

如何不成为那些被骗开房女孩中的一员

2011年3月的一天，在广西壮族自治区某小学读小学6年级的张妍坐火车去看望在南宁打工的父母。在火车上，她认识了一位姓严的男青年，两人聊得很开心，还互留了手机号。

就在张妍到南宁的第二天，原本在另一个车站下车的严某竟然也来到了南宁，还让张妍去火车站接他，单纯的张妍竟然答应了。

严某见到张妍很高兴，带着她在火车站附近一直四处转悠着玩，等到天都黑了，严某却没让她回家，只说“咱们去宾馆休息一下，然后我们再接着出去玩”，张妍对此信以为真。

就这样，严某把张妍带到了一处宾馆，刚一进入宾馆的房间，他就强行脱光了张妍的衣服，而在接下来的两天内，他先后3次强行与张妍发生了关系。

事后，凶相毕露的严某还威胁张妍，如果她说出这件事，就报复她。涉世未深的张妍害怕不已，也就没有告诉父母。

另一边，张妍的父母在发现女儿两天都没回家时已经急坏了，但是他们又接到了一个自称是张妍同学打来的电话，说张妍在同学家玩得晚了就不回家了。而这正是严某找来的一名女子装成张妍的同学来哄骗张妍家人的。

后来，张妍回家后被父母不断追问，终于讲出了实情，心痛之余，父母到派出所报了案。

尽管爸爸妈妈们再怎么加紧看管，但还是会有女孩“主动自愿”地走进不轨之徒设定好的圈套，甚至有的女孩都已经被带进宾馆房间里，却依然没有意识到自己的人身安全已经受到威胁。就如张妍，对陌生人几乎毫不设防，互换手机号码、接站、陪玩，甚至不让回家都毫无反抗。

许多女孩，特别是青春期的女孩，都普遍有一种“公主”心理，这种心理的存在会让很多女孩渴望得到他人的关注。特别是陌生人的奉承、夸赞，会让女孩颇有满足心理，她总感觉“看吧，连不认识我的人都觉得我好，这真让我开心”。

不仅如此，有一些陌生人还会投我们所好，专门找一些能吸引我们的东西或者事情，来“讨好”我们，或者“奉承”我们，这种被宠的感觉，更会让一些女孩放松警惕。

同时，随着慢慢长大，女孩也会更愿意接触新鲜事物，更愿意体验与现有平静生活不同的感受，所以对于他人提出的“我们一起去玩吧”的要求，很多女孩几乎不会拒绝。尤其是很多女孩根本还没有去过宾馆或其他地方的经历，一旦有了这样的机会，在她心里，刺激会远远大于安全，她幻想着宾馆是什么样子，幻想去宾馆可能会有什么好玩的事情。即便有女孩能想到不安全的问题，可在好奇心以及侥幸心理的驱使下，她可能还是会乖乖地走进那个圈套，反而将那些不安全全都抛在脑后，并认为那些不过就是杞人忧天。

不得不说，那些被骗开房的女孩，其实都是太过单纯的孩子，对社会中的险恶毫无防备之心。甚至在有的女孩看来，开房是很“社会化”的行为，似乎开一次房，就能让自己和社会中的那些住宾馆的“精英们”拉近一些距离。单纯的心理再加上错误的理解，导致很多女孩看似自愿一般地走进心怀不轨的人设定好的圈套。

那么，若要成为不被骗开房的女孩，我们就必须提升自己的防范能力，同时还要注意很多重点事项，更要学习掌握一些必要的自保和逃生技能。

从一开始，我们最好就在内心设定一个警戒线，那就是“除了和家人，一定不和其他人去宾馆”。不管是多好的朋友，只要对方提及“出去玩玩，晚上住宾馆”这样的要求，我们就该好好考虑一下，不要单独和朋友们结伴去宾馆。假如真的需要外宿，也要和爸爸妈妈讲清楚，由他们带着我们一起去。也就是说，为了安全起见，不要觉得和爸爸妈妈在一起是什么“丢面子”的事，我们毕竟还是孩子，自我保护能力相对较弱，在不能自我控制的情况下，爸爸妈妈就是我们最为可靠的保护人。

同时，要结交可靠的朋友。有相当一部分女孩都是被熟人骗去开房的，这其实是很悲哀的一件事。很多女孩可能会对陌生人设防，但对朋友不会，于是在不知不觉中就跟着朋友走进了可能会毁掉自己一生的噩梦之中。

所以，要多和品德优秀的人在一起。假如有朋友邀请我们去陌生的地方，不要轻易就答应，即便对方是我们最好的朋友，也要守住原则底线，不随便跟着朋友走。

对于陌生人的花言巧语，我们也要有足够的分辨能力，不管对方用什么样的诱惑，我们都要有这样一种认知，那就是“天上不会掉馅饼”，没有人会无缘无故突然就对你好，尤其是陌生人，他对我们的任何一种好，其背后也许会是陷阱。

当然，应对陌生人的邀请，有时候我们也可能会被胁迫，那么这时候就要机警一些，寻找一切可能来通知其他人，为自己争取可以求救的机会。

再退一步，如果我们不小心被胁迫，不得已被带到了宾馆，最好能记住宾馆的位置、名称，如果有可能，趁着对方开房或者其他松懈的时机，可以努力试着向宾馆的人员求救或者找机会逃脱。

不要参与打扑克、打麻将，以及赌博

有一年暑假，去姑姑家里玩的萍萍跟着表哥表姐学会了打扑克，扑克的各种玩法、需要不断地动脑思考的过程、不那么好预测的游戏结果，这些都让萍萍觉得扑克牌就是世界上最好玩的游戏。

等回到了自己的家，萍萍始终都忘不了打扑克带给她的快乐感觉。可是家里的爸爸妈妈不会打，学校里又不能打，于是萍萍便将注意力放在了外面。终于有一天，她在校门口不远处找到了一家棋牌室，在里面她可以尽情打扑克。

只不过，在这个棋牌室里，打扑克输赢是用金钱来结算的。看萍萍还是初中生，老板还很慷慨地允许她即便输了钱也不用多交。

萍萍玩得越发开心，只不过牌技不熟的她总是输，身上的零花钱也很快就输光了。不甘心的她便对爸爸撒谎说自己的钱丢了，又要了一些零花钱继续去玩。可她还是输钱，不知不觉中她开始较上了劲，也会孤注一掷地拿出更大数额的钱来继续玩。身上的钱很快又输光了，这时她想到了偷，在学校偷同学的钱，回家就偷爸爸妈妈的钱。

可即便如此，萍萍那不熟练的牌技还是没法赢钱。最终，她实在没得可输了，棋牌室老板便逼着她用身体来还债。直到这时，萍萍才慌了神，想要逃脱却早已无法抽身。

节假日时，很多人除了走亲访友、出去游玩，还会有这样一类的“休闲娱乐方式”，那就是打打扑克，或者打打麻将。有人可能会觉得，这不过就是一种娱乐罢了，玩一玩又有什么关系呢？没错，单纯的扑克、麻将只是游戏，偶尔玩一玩也没什么，可是一旦扑克游戏、麻将游戏涉及金钱，立刻就会变为带有邪恶性质的、可以吞噬人一切的赌博。

看看前面那个故事，单纯的萍萍并不知道打扑克以金钱论输赢其实质就是赌博，反而沉迷于其中，最终不仅输了钱财，连自己的自尊都失去了。究其根源，就是因为她沉迷于打扑克，导致她眼睛里只看到了输赢，却没有注意到论输赢的方式早就不是她所理解的了。

不得不说，打扑克、麻将这样的娱乐活动，本身就具有不确定性，在玩的过程中，很多人都很难保持其单纯的娱乐性，总觉得就这么输了赢了没什么意思，那些上了瘾的人，他们就会忍不住寻求更大的刺激，于是游戏便会不自觉地和金钱挂钩，赌博也就“一触即发”。别说是女孩，任何人只要沉迷于赌博，都会给自己带来灭顶之灾，几乎无人能幸免。

也许有的女孩会借此反驳说：“不是还有人参加什么扑克牌大赛、麻将牌大赛吗？我也不过就是玩玩而已，不玩钱还不行吗？”

话是可以这样说，但我们该如何保持自己的定力呢？而且如果要参加那样的比赛，就需要我们付出足够多的精力，如此一来，我们势必就会忽略其他事情。但这种只能顾及游戏而放弃其他所有事情的状态，对身为学生的我们来说是不可以的。至少在眼下的时间里，我们大部分的精力都应该放在学习上，有大量的知识和能力需要去学，哪里还有那么多工夫去关注那些扑克牌大赛、麻将牌大赛呢？

所以，对于像扑克、麻将这样的娱乐项目，我们还是要理智一些去看待，不过分接触，不盲目贪恋，不成瘾，更不要参与到赌博之中。

第一，对扑克、麻将不好奇，不较真。

对于自己没见过的游戏，产生好奇心是很正常的，所以如果我们还不会玩，看看怎么玩，或者简单上手学一学不为过。而一旦学会了，偶尔玩一两次可以当作消遣，对输赢也要看得淡一些，要只将这当成游戏，不要总觉得为什么自己就是赢不了，也别总想着再多玩几局就能有长进，只不过是游戏而已，别太较真儿。

同时，也可以和家人或朋友商量好，提醒他们不要总玩扑克，也别总打麻将，换换其他形式的游戏，做做其他事情，以冲淡我们对这类游戏过分的好奇心。

第二，多一些其他的娱乐活动。

我们可以接触到的娱乐活动，除了打扑克和麻将，还有那么多，下棋、猜谜、打球、拼图、填色、玩轮滑……属于女孩子的游戏很多都是健康积极向上的。

多一些其他的娱乐活动，也会让我们的生活更加多姿多彩。就算不喜欢那些活动，看看书、听听音乐、看看电影，或者干脆就只是出去散散步、逛一逛，也比沉迷于扑克、麻将好。

另外，计算机上也会有扑克或麻将类的游戏，对于这个我们也要有所提防，别因为现实中不能好好玩就跑去虚拟世界中玩，既然说不能沉溺，那我们就不该多接触这一类游戏。尤其是电脑中的这类游戏更容易令人上瘾，也更容易隐含赌博的性质在其中，所以我们还是尽量远离的好。

第三，远离涉及金钱等交易的游戏。

有些人玩游戏的目的从一开始就不单纯，不管他们说用多少钱来继续游戏，哪怕只是几角钱、几元钱，我们也要拒绝参与，因为游戏一旦涉及有价值物品的交易，就已经变了味道，变为赌博。作为青少年，是绝对不能参与赌博的。

也就是说，游戏归游戏，玩一玩大家开心就算了，只要有人提出来用金钱或其他有价值物品交易，那么我们就应该果断抽身，远离这样的游戏。

不被异性的“引诱”所迷惑

14岁的小宛是个很普通的女孩，最近一段时间，她开心地告诉闺蜜晓莉说：“我在公交车上认识了一个帅哥！可帅啦！他说要和我处朋友呢！”

晓莉是个很有警觉心的女孩，她觉得这事太蹊跷，便提醒小宛：“别上当啊！你了解他吗？”可小宛听了却有些不高兴，回应说：“我当然了解他了！晓莉你自己长得漂亮就算了，是嫉妒我被帅哥看上了吗？”面对小宛这样刺儿头的话，晓莉真是又生气又无奈。

有一天放学后，小宛告诉晓莉说那个帅哥要开车来接她，还带她去大商场转一转，给她买礼物。晓莉还没说什么，就看见校门口果然有一个人坐在车里对小宛挥手，小宛一路笑着跑过去上了车。

可晓莉却觉得这事没那么简单，毕竟小宛从来没完整地说过这个帅哥的具体情况。晓莉多了个心眼儿，将那人的车牌号记了下来。

等到晚上，小宛的爸爸妈妈找到了晓莉，说小宛一直没回家，也没跟家里联系，晓莉赶紧将她知道的情况和那个车牌号都说了出来。小宛的爸爸立刻报了警，在警方的帮助下，才在一家宾馆里找到了被那“帅哥”正欲行不轨的小宛。

经历过这样一次危险，小宛也许应该能意识到晓莉当初的谨慎是多么正确。我们也该像晓莉这样，不管遇到什么事都不能丧失警觉心。

女孩到了青春期，会不自觉地对异性产生一种朦胧的感觉，而反过来，任何一个异性对我们稍微有一些奉承、献殷勤的言行，都很容易获得我们的好感。很多不法分子，就是抓住了这时期女孩们的心理特点，从而展开各种不轨行动。

但不是所有女孩都能如晓莉那样拥有极强的警惕心，尤其是那些原本就不够“招引”异性的青春期女孩，对于任何一个异性的诱惑，她们恐怕很难招架。正是因为自己不经常接触异性，所以异性的引诱对这样的女孩也就颇为有效。

不管怎么说，异性的突然献殷勤总归都是该引起我们疑心的，所以暂时别那么自我感觉良好，还是头脑清醒一下，认清这些引诱，并学着防范引诱吧！

应对生活中异性的“引诱”，我们可以试试下面的方法。

第一，巧妙应对不同类别的异性。

异性的引诱可以说不分年龄段，和我们同龄的同学、比我们稍大一些的学长、刚刚步入社会的青年、中年男子，甚至是一些和我们隔辈的人，都有可能在某种欲望的驱使下，利用我们的单纯来实施引诱。

对待同龄人，要意识到他们所能拿出来的东西多半都是父母挣来的，而他们所许诺的事情也都不是太符合实际的。

那些比我们略年长一些的人，其实他们自己离成功都还远，有的人甚至还一直游手好闲，所以他们的引诱也不过是利用了我们从小说、漫画或者影视剧中而来的幻想。实际生活与幻想是有差距的，别沉浸在幻想里出不来，自己努力才是最重要的。

对于已到中年或事业有成的人，我们就要万分小心了。因为他们已经有了一定的社会阅历，凭借自己的能力也完全拿得出、给得起我们想要的物质或金钱。他们的引诱很能抓住女孩的心，这样的人多半都是出来寻找刺激的，所以别轻易就相信他们的许诺，对于他们给予的东西也尽量要拒绝。远离这些人才是最正确的选择。

最后再说隔辈人，这样的人拥有丰富的阅历，所以显得更加“老奸巨猾”，他们会利用我们所不了解的任何事情来引诱我们上当，比如以前的经历、见过的世面，等等。不要觉得这些内容有什么了不起的，我们只要关注这样两点：对方是异性，以及他可能在引诱我们。想通两点，我们在心中就该拉起警报了，不要轻易被骗才是。

第二，理智应对异性所使用的不同类别的引诱手段。

引诱女孩时，人们会采用各种方法。正所谓“投其所好”，那些心怀不轨的异性，会利用各种手段来让我们感到开心、舒服，进而对他产生好感，以最终实现他的目的。

比如，有的人可能会用各种物质诱惑，包括衣服、饰品、各种小礼物，女孩子本身就爱美，对这些东西可能就会难以抗拒。对于这样的诱惑，我们可不能做物质女孩，他人的小恩小惠总会让我们落入“拿人手短”的不利境地，所以别贪图得太多，不是自己的东西别轻易就接受。

再比如，有人还会用找工作、参加选秀、参加表演等各种借口来骗女孩去做不法之事，涉世未深的女孩可能会对这听起来诱人的机会毫无防备之心。其实，现在的社会中，不管是找工作还是参加选秀、表演，都有其正规的参与渠道，没必要在什么人的带领下去参与，不要心怀太多不切实际的梦想，脚踏实地地努力学习，最终总能闯出自己的天地。所以，别轻信这些人的话，因为他们做的都是不切实际的事。

不过，还有一种情况，就是有的人在不经意间说出来的话或者做出来的事可能会让我们产生误解，误以为对方是在“引诱”。这就是我们自身的问题了，把握好自己的情感最重要。

怎样安全地乘坐出租车

在县城上寄宿学校的小安每个月回家一次，下了公交车之后，如果带的背包很沉，她就会选择打出租车回家。

一个夏天的夜晚，小安回家有点晚了，她好不容易才打了一辆出租车。一上车，小安先是闭着眼睛休息了两分钟，可是等她再睁开眼的时候，却发现车子行进的方向似乎并不是自己家的方向。她连忙向司机询问，司机却说走的是一条新路，更近一些。

由于长时间没回家，小安也就没有怀疑。可是司机开了一会儿之后，她发现越开越偏僻，这才要求立刻下车，但出租车司机此时却露出了狰狞的面目，一边恐吓小安，一边将车开进了路边偏僻的树林。

车一停，司机就想拉着小安进入树林，但小安极力反抗。眼看着司机要扯破自己的衣服了，小安灵机一动说道："我有结核病，还咳嗽，一会儿你可小心，万一你亲我，或者是我咳嗽有唾液飞沫弄到你脸上、手上哪儿的，被传染了你不要怨我啊！"说完，还装作很顺从的样子。

听了这话，司机的动作一迟疑，趁着这机会小安拼命挣脱，扭头就跑。还好离路边不远，又刚巧有警车路过，小安迅速跑到路上拦下了警车，这才得以逃脱。而那名欲行不轨的司机随后也被警方抓获。

小安是个机智的姑娘，在危险来临时，她没有慌张，而是想办法来保全自己。虽然小安最后顺利逃脱了，但我们还要注意到这样一点，那就是她为什么会经历这样的遭遇呢？这就需要我们注意一个问题——应该如何安全地乘坐出租车。

小安坐出租车这个过程，有几点疏忽，比如，上车就闭眼休息，没有注意观察环境；在发觉路走得不对时没有立刻警觉；等等。好在她反应够快，谎称有病才逃脱，不过这个过程可真是够惊险的。

所以，关于乘坐出租车，我们还是好好记住这样一些要点吧。

第一，尽量不要选择坐副驾驶位置。

乘坐出租车时，尽量不要坐副驾驶的位置，因为副驾驶只有自己一侧车门可开，而且紧邻司机，他可以很容易就控制住我们。所以，选择后排位置比较好，后排有两个车门可以打开，可逃脱的余地比较大。而最好的位置就是司机斜后方的位置，这里离司机最远。

第二，上车第一件事就是打电话。

上车之后，别的什么都不要做，一定要先打电话，告诉家人自己什么时间上的什么车，大概多久能到，坐的是辆什么样的出租车。而且在整个行驶过程中，我们最好保证手机的电量与信号，所以不要忙着玩手机，连音乐也不要听，保持耳清目明，多注意安全才最重要。

另外，即便手机没电，也要装作打电话的样子，以上信息也要都说一遍，同时还要假装通知对方到时间在准确的地点接自己。此时，也一定不要和司机借充电宝之类的东西，别让他意识到你的手机没电了。

第三，详细记下出租车的各种信息。

上车之后，可以将出租车司机的信息记录下来，包括车的型号、车牌号也要记录准确。可以将这些信息发送给家人，假如司机意图不轨，也可以将自己已经记录下这些内容的事实告诉他，使他心生畏惧而不敢动手。

另一方面，万一遇到了意外状况，这些信息也会成为家人和警方寻找并解救我们的关键线索和证据。

第四，尽量不要拼车。

有一些新闻中提到女孩在出租车中遇害，是因为拼车而发生的，和陌生人同乘一车，危险难料。有些人还会结伙装作拼车，以此来骗取女孩的信任，等到女孩一上车，他们才会原形毕露。所以，可以提醒司机我们拒绝拼车，如果司机只有拼车才开车，我们干脆下车换一辆。

但是，如果遇到那种不好打车，不拼车不行的情况，我们也要多个心眼，还是如前所说，选择靠近车门的位置，别坐在两人中间。如果出现了需要我们坐中间的情况，这样的车还是不坐为妙。特别是大型的或者半封闭的面包车，我们更要引起注意。

第五，好好观察行进路线。

坐上出租车之后，别闭目养神，也别只顾着玩手机，要好好观察行进的路线，一旦发现路线不对，就要再次跟司机强调我们要去的地方，并多问几句这条路线的情况。或者，干脆要求下车，换一辆车。

如果司机给了合理的理由，也别轻信，可以打电话询问一下家人，并赶紧告知家人改了路线，这也是给家人留下信息和提个醒。

但如果司机不理会我们的要求，依然执意开车向错误方向前进或者干脆就开始恐吓我们，那就瞅准机会开窗求救，或者将东西扔出窗外以引起周围人的注意。

尤其是去一个陌生的地方，不要暴露我们不熟悉路线这个真相。可以赶紧用手机搜索出路线，同时也要少说话，不要让司机发觉，否则人生地不熟会更容易让对方心生歹念。

第六，可以用随身物品保护自己。

平时在包里多放些东西，比如化妆水、折叠伞、小镜子、眉笔等，关键时刻这些东西都能成为保护自己的“武器”。

第七，适当聊聊家常激发人的良知。

人人都会有良善的一面，邪恶司机意图不轨的时候，我们可以和他聊聊他的家人来唤起他的良知。不过，这种聊也要注意，可别从一上车就开始互相聊个没完，把自己的家底儿都直接说出来就是我们愚蠢了。尤其不要暴露家庭经济情况，更不要虚荣心作怪说得很浮夸，免得司机本来没有歹意，听完我们的浮夸介绍反倒心生不轨的意图。

不乘坐黑车、黑摩的，如果不小心上了，怎么办

2013年5月的一个晚上，大连的一名15岁的女孩绵绵和朋友们挥手告别，大家在一起玩了一天，眼看天晚，才纷纷告别回家。绵绵的家离大家玩耍的地点比较远，在火车站附近，见等不到公交车，绵绵便决定打一辆车。

因为之前也有乘坐黑出租的经历，绵绵毫不在意地上了一辆黑出租。黑车司机是一名四五十岁的男子，两人没聊几句，司机却突然锁紧了车门，并一路将车开到了比较偏僻的森林动物园附近，停车就开始对绵绵动手动脚。

绵绵吓坏了，开始激烈地反抗，一阵忙乱中她竟然抢下了司机的车钥匙，随后也打开了车门。绵绵连忙跳下车，向大路方向飞奔。黑车司机见情况已经不受他控制，便不得不弃车而逃。

最终，绵绵跑到路边，迅速拦下一辆正规的出租车，向最近的派出所驶去……

这次乘坐黑出租的惊险经历，应该给绵绵上了一课，相信她日后再打车的时候，就该好好考虑一下了。那么，我们从绵绵的经历中，有没有意识到什么？有没有发现乘坐非正规出租车的危险性？

也许有的女孩注意到了，但还是会有女孩觉得这就是平常事。毕竟，就现阶段而言，黑出租、黑摩的，在很多城市都颇为常见。绝大多数人，在各种机会之下，都有过乘坐黑出租、黑摩的的经历。有的女孩会说：

“我都坐了那么多次了，也没出事，黑出租反倒比正规出租车便宜，还能讲价，我觉得挺好。”

我们只看到了这些黑车所谓的“有利面”，却完全没有注意到它暗藏的巨大危险。这些没有正规牌照的代步出行工具在城市的街道上横冲直撞，他们无视交通法规，也没有合理的价格规范，而有些心怀不轨的人更是打着“出租车”的旗号寻找一切机会加害那些不小心坐上他车的人，尤其是女性。

不过，有的女孩还是会无所谓地说：“我家门口的黑车司机都是住在一个小区的，不会骗我的。”还有些女孩又会无奈地说：“正规出租车打不到，有的正规出租车都不来我住的地方，又着急出门，除了打黑车还能怎么办？”

看似这些说法都有道理，但实际上却暴露出我们在这方面的疏于防范。对于黑车、黑摩的，可不要有任何的侥幸心理，若要保证自己的出行安全，还是提高警惕吧。

首先来说黑出租车的问题。

如果要出门，最好提前规划一下自己的行程，别安排得太过紧张，留一些宽裕的、可机动的时间，以免因为着急又打不到车而不得不乘坐黑出租。

如果不是着急出门，那就看看要去的目的地，找找附近的公交车、地铁，采取公共交通方式出行，安全系数可要高得多。

当然，就如前面有女孩提到的，周边开黑车的都是熟人，彼此都好说话，见面还打招呼，价钱也会比正规的便宜，相比之下选择熟人开的车难道不是更好吗？

话可不能这么说，就算是熟人，他开的也是黑出租，没有正规营业许可，一旦车出了问题，他几乎没法对我们提供任何人身安全与财产安全的保障，日后的理赔也会难上加难。不是说熟人就没问题了，我们应该理性看待这件事，选择正规出租车是在对我们自身的安全负责，在生命与财产安全面前，没有任何可犹豫的，一定要选择乘坐正规出租车。

至于说家附近没有正规出租车，也别无奈地只能坐黑出租，还是像前面所说的，我们家附近总会有公交车或地铁的，如果公交车或地铁不能直达目的地，那就乘坐这些公共交通工具到可以打正规出租车的地方，然后再打车前往，这并不烦琐。

说完了黑出租，接下来我们就要格外注意黑摩的了。

相比较黑出租车，黑摩的其实更加危险。摩的司机们普遍都存在一个问题，那就是很会“见缝插针”，会以很快的速度在车流中横冲直撞，毫不在意各种交通规则，甚至连红灯都不放在眼里，因此也就事故频发。

再加上现在很多城市已经取缔了摩的的经营权，也就导致了摩的直接变成了交通运营中的“黑户”，没有营运执照再加上不在意交通法规和安全，想想看，若是选择乘坐这样的车，岂不是更加危险吗？

有些女孩会很懒，因为黑摩的跑的路都不算远，如果赶上天热、下雨、自己懒得走，选择黑摩的几乎就是最佳的代步工具了。

可不能因为犯懒，因为怕晒怕淋雨就这么拿自己的安全不当回事，女孩子还是多运动运动比较好，晒晒太阳、淋淋雨也不是什么了不得的事情，至少这些行为都是安全的。如果要走的路真的不近，那么选择坐公交车也比坐黑摩的要更安全，总之一句话，生命安全可比省下的那几步路、几分钟要重要得多啊！

最后，如果我们已经上了黑车或者黑摩的，第一件事就是要通知家人或朋友，如果是黑车，就告诉家人自己在哪里上的车，大概要多长时间到家，然后如前面提到的对待正规出租车一样，也将车的各种信息记录下来；如果是黑摩的，同样要将自己的上车地点和时间通知给家人或朋友，也要告诉对方我们乘坐了一辆怎样的交通工具。

一旦出了危险，先注意保护好自己的人身安全，特别是黑出租车，如果有不法分子在车内威胁我们，也要像开头的绵绵那样，能反抗的时候就积极反抗，但也要注意保护自己的生命安全。

不去形形色色的“是非之地”——娱乐场所

一个夜晚，某KTV里来了三名初中女生，其中，雅丽与文洁是被自己的好伙伴诗诗叫来的。原来，诗诗在KTV里认识了三名成熟的“帅哥”，听说诗诗有两个要好的姐妹，便想让她们也来一起聚聚。

雅丽与文洁毫不怀疑诗诗的邀请，她们对三个看上去成熟的帅哥也没有防备之心，反倒觉得在歌厅认识帅哥是很刺激的经历。

大家在一起纵情高歌，都开心不已。玩到高兴时，其中一个帅哥拿来了饮料，在音乐的迷醉以及众人的一片哄闹中，雅丽和文洁毫不犹豫地喝下了饮料。单纯的她们却不知道，这个饮料是用白酒与红茶勾兑的，饮料一下肚，两人很快就酒力发作，一醉不醒。

诗诗因为没有喝饮料，还是很清醒的，但见此情景有些发愁，两个好姐妹都醉了，她该怎么送她们回家呢？而三个帅哥此时自告奋勇，提出“我们会负责送她们回去，告诉我们地址就行”。单纯的诗诗也没在意，反倒觉得刚认识的人就如此仗义，这三个人还真不错。于是，她也就放心地让三人送两个姐妹回家了。

哪知道，三人并没有将雅丽和文洁真的送回家，反而是将她们带到了城区的一家宾馆，并对她们实施了侵犯。最终，诗诗还是知道了两个姐妹没有回家的事情，随即报了案，警方迅速出击，找到了已经实施强奸却还未逃离现场的三人，并将他们刑事拘留。

娱乐场所，向来是是非之地，虽然不能说所有的娱乐场所都有问题，但还是有些娱乐场所就是“披着羊皮的狼”。它们都打着各自看似正当的招牌，歌舞厅、KTV、游戏厅、桑拿浴室……但是这些都只不过是给外人看的遮掩外衣罢了。在这些娱乐场所的内部，却和其外部表现大相径庭。很多原本不能见阳光的事情，都在这样的场所中被明目张胆地展现出来，很多罪恶也在这里悄悄地发生。就如雅丽和文洁所遭遇到的一样，很多女孩一旦禁不住诱惑进入了这些是非之地，就会“自然而然”地陷入危险之中。

其实，娱乐场所门口都会标示“未成年人不得进入”，也就是像我们这种年龄的孩子是不可以进去的。原则上来说，只要我们不进入这些场所，那么之后的那些事情就理应不会发生了。

但是，有相当一部分女孩子对这些娱乐场所颇感兴趣，因为这些场所都会用很绚丽的灯光和非常劲爆的音乐来制造氛围，再加上出入这些场所的男男女女，要么衣着光鲜亮丽，要么就打扮得潮流气息浓重，这都会对女孩子产生一种视觉与心理上的冲击。

如果意志不够坚定，如果太过向往那份光怪陆离，某些女孩可能就会最终被吸引，一步一步自己迈进未知的危险之中。

所以，我们也该收好自己的心，还是断了这想涉足娱乐场所的心思吧，看看雅丽与文洁的遭遇，我们内心自当警钟长鸣。

首先，不要去关注这样的场所。

如前所述，很多女孩子之所以会进入这些娱乐场所，多半都是因为好奇与寻求刺激。所以只要不去关注，多半能躲开它的诱惑。

假如我们在平时上学放学或者出行的路途中有娱乐场所出现，那么每次经过这样的地方时都最好快步走过。特别是傍晚时分，很多娱乐场所开始营业，就会打灯光、放音乐，而此时也许正是我们放学的时间。这时就更要快步走过，别驻足观看，也别好奇地张望，就当是一种路边噪声，赶紧走过去了事。

而在平时，也别总是对这些地方好奇，毕竟有那么多好玩的地方等着我们，何必非要去这明显不是我们应涉足的地方呢？

平时也该多看看新闻，从中我们就可以了解到这些声色娱乐场所到底是什么样的地方，当我们看到了这些娱乐场所大都是藏污纳垢、惹是生非之地，难道不应该有所警醒吗？那为什么还一定要去呢？

其次，警惕朋友去娱乐场所的邀约。

朋友们在一起聚一聚这也是人之常情，但是有些朋友可能会将聚会地点选择在娱乐场所。对于这样的邀约，我们就要慎重考虑一下，不要轻易答应。

特别是像雅丽和文洁这样的，我们可能也会对自己最好的朋友盛情难却。但一旦确定要去的地方隐藏着危险，我们就不要为了面子非得去，找一些理由委婉地拒绝就好。或者，我们也可以提议换一个地方，如果是想要玩就去公园、游乐园，如果是想要聚餐，那就选择正规的餐厅，如果都有兴趣，选择去看展览或者一起看电影也是可以的。如此一来，我们能既不伤面子，又能婉拒去不正当的娱乐场所的邀请，一举两得。

再次，对于游戏厅要格外留心。

虽然像歌舞厅、KTV这样的地方我们可能会有一定的自觉，但是游戏厅却很容易让我们放松警惕。因为游戏厅里有各种游戏项目可玩，而且去这里玩也还算是个比较正当的理由，再加上我们的注意力会放在这些好玩的东西上，对于其他不安全因素自然也就忽略了。

所以进入这样的地方我们可不能忘乎所以，不仅要记住不能随便接触暴力、色情等不正当游戏，而且要记住不能随便吃喝他人递过来的食物，也别轻易和周围人搭讪，尤其是异性的一些要求，一定要果断拒绝。

最后，最好永远都不进入娱乐场所。

有的女孩会注意到这样一个细节，既然“未成年人不得进入”这些娱乐场所，那等自己成年之后再去就好了。这样的想法最好收一收，毕竟相比较男性而言，女性还是弱势群体，谁又能保证成年女性不会受害呢？新闻中不是一样有很多成年女性在娱乐场所遭遇险境的真实事件吗？

其实，我们最好永远都不去这些娱乐场所，多培养自己高雅的爱好，如看书、听音乐、登山、做运动……我们的生活丰富多彩，可以做的事情有很多，可别把自己的人生浪费在这光怪陆离之中哦！

不与家人以外的其他人到野外旅行

已经从中学辍学一年的欣莱，在网吧认识了青年汪辰，因为汪辰曾经在经济上帮助过欣莱，所以欣莱一直都想着找机会报答他。

这一天，汪辰约欣莱去郊外旅行，希望她能多找一些女孩一起去。欣莱觉得既然汪辰提出了要求，自己出于报答的心理也不能拒绝，便找到了自己上学时的好姐妹培培、云影和丽晶。几个女孩听说是去旅行，而且全程都有人请客，便想都没想就同意了。

转过天来，欣莱带着自己的妹妹和三个女孩与汪辰碰了面，汪辰则和自己的朋友一起将这5个女孩都带上了火车。

欣莱的朋友培培此时感到蹊跷，郊外旅行哪里需要坐这么久的火车？再加上从上车开始，汪辰和他的朋友就对她们5个严加看管，便在下一站火车停站时，借口上厕所跑下了车，并随即在车站报了案。

乘警接到站台的报案后，控制住了汪辰等人，并在下一站将他们一行几人都送下了车。经过警方讯问，汪辰才将此行的目的如实说出。原来，他借着接近欣莱的机会，想拐卖几名女孩去南方做桑拿小姐。

欣莱这时才如梦初醒，她以为自己认识了一位恩人，而为了帮“恩人”的忙，她不仅差点将自己和妹妹搭进去，也差点害了无辜的朋友。

野外旅行，本身就带有一定的风险性，如果是跟着家人以外的人去旅行，其风险性会增加，倘若是跟着陌生人一起去，那这个警灯亮得可就更加刺眼了。看看欣莱和她的姐妹们，其实就相当于和陌生人一起去旅行，欣莱自己就已经被骗了，而她的姐妹更是什么也不知道，好在有人够聪明，才没让她们几个女孩经历被拐卖的噩梦。

也就是说，当我们还不具备足够的独立能力时，如果要外出旅行游玩，还是跟着家人比较安全，否则随便跟着外人就出门，其中的危险真是防不胜防。

不过，“和朋友一起出去玩才最自由啊，和家人一起出去多没意思”，有这样想法的女孩可不在少数，尤其是青春期的女孩，会更加不愿意和家人一起出去玩，她们会觉得家人管束得太严太多，自己放不开不说，和家人也没有什么共同语言，只有和朋友们在一起才是快乐的，这样的旅行才有意思。

可是，想想看，如果连我们生命都不能保障，如果连自己的人身安全都无法保障的话，又该拿什么去追求所谓的“有意思”呢？

身为女孩子，我们不能随随便便就将自己放于爸爸妈妈的视线之外，随便和陌生人走出家门就已经很危险了，再和陌生人出去旅游，尤其是去野外旅游，先不说要去的地方有多么危险，仅仅是和陌生人开始踏上旅途就足够令人胆战心惊了。

正是因为我们是女孩子，所以尤其是涉及要远离家门这种事，我们还是要多方慎重考虑才对。如果有外人来邀请我们野外旅行，能拒绝的还是拒绝的好。

其实，我们可以好好分析一下这个“野外旅行”。

首先，野外旅行的目的地是野外，多半都是空旷无人的地带，虽然风景美一些，但杳无人烟，也可能没有任何通信信号，换句话说，就是偏僻。和不是家人的其他人到这样偏僻的地方，我们难道就不会觉得很恐怖吗？

其次，野外旅行要做什么呢？无非也就是游山玩水罢了，在这样看似快乐的氛围之下，我们怎么能保证某些人不会乘虚而入？我们可是女孩子啊！笑得比花儿还灿烂，穿得比花儿还美丽，这样的我们岂不是更容易引发同行者的邪念？

最后，野外旅行注定不会有太多人，如果是别有用心的人，很可能就只是邀请我们与他两人同行。试想一下，野外，孤身两人，如果是异性相处，那么危险性也就更大。

如此想来，是不是已经发现和家人以外的人去野外旅行很危险了呢？那么，接下来我们就该有所行动了。

第一，不要随意结交太多太杂的朋友。

有这样一个现象，不知道大家有没有注意到，那就是一群朋友只要有男有女，一定会有人提议去野外玩，借此来增加彼此的友谊或感情。而在这样的野外游玩过程中，可能就会发生这样那样的事情。

由此可见，我们在结交朋友的时候还是要慎重再慎重一些，对要结交的人，多了解一些，尤其是那些刚认识没几天就要求一起出去玩的朋友，我们就该多一些警惕性。一旦判断这样的朋友比较浮躁，或者说是个很流里流气的人，那么不管他怎样花言巧语，也不管他多么诚恳至极，我们还是能远离就远离他吧。

第二，从一开始就别考虑结伴出行这件事。

当朋友们在一起玩得高兴了，肯定会想结伴一起做些什么。可是，在没有监护人陪伴下就结伴去野外玩耍，这样的事情我们还是从一开始就不要考虑，有人提议也要拒绝。

完全可以换其他事情做，一起运动，一起到公园游玩，一起看展览，这些都是志同道合的朋友们在一起可以做的。

当然，如果有父母的陪伴，几个家庭相约一起野外旅行，这倒是可以考虑一下。

第三，培养自己沉静的性格。

其实，和家人之外的人去野外旅行，也应该是双方两相情愿的事情，也就是说，作为女孩子如果本身性格就很浮躁，本来就很愿意四处“疯玩”，当然也就很容易遭遇危险。

所以，多培养一下自己沉静的性格，多看看书，多学习，别总想着玩，多一些比较踏实的爱好也有助于我们静下心来。当然，如果实在喜欢野外旅行，就和家人一起去。

避免单独和异性在家或是幽静、封闭的地方会面

2013年5月的一天下午，14岁的唐莹从学校逃课回家。因为怕被下班的父亲发现自己逃课而受到责罚，唐莹便从自家3楼的位置跑到了6楼，刚好赶上住在6楼的钱某出门。几句攀谈得知事情经过后，钱某便好心地请唐莹到自己家暂时躲避。想到自己本也无处可躲，唐莹便也同意了。

进了钱某的房间，两人开始边看电视边聊天。聊了十多分钟后，唐莹起身想离开，可钱某却早就对甜美可爱的她起了色心。于是，钱某便谎称自己和唐莹的父母有仇，接着便强行将她抱进了卧室。一开始唐莹还激烈地反抗，但钱某随即就扇了她几巴掌，并威胁如果不顺从就去杀了她全家，唐莹因为害怕而停止了反抗与喊叫。

好在因为种种原因，钱某最终并未完全得逞，只是在唐莹身体外部摩擦了事。等到钱某一将唐莹放回家，唐莹就立刻报了警，钱某最终被警方抓获。

唐莹犯了几个非常明显的错误：第一，不该撒谎；第二，不该随便与陌生人搭讪；第三，不该毫不犹豫地单独走进陌生人的房间。这几个错误综合在一起，才让唐莹就在爸爸的眼皮底下受到了伤害。

对于女孩来说，不管是熟悉的异性还是不熟悉的陌生人，单独和他们在一些幽静、封闭的地方会面是相当危险的事情，唐莹的遭遇就是一个最明显的例子。

这是因为幽静、封闭的空间起到了很好的隔离作用，心怀不轨的人在

这样的空间里会显得更加大胆，因为外人不会知道在这样的空间中发生了什么，而且我们不管是呼救还是逃脱都会相对困难一些，这无形中也就增加了我们遭遇危险的概率。再加上我们无法确定那些异性内心的想法，也许我们认为对方是好心，可对方的想法明显超出我们的预料，女孩势单力薄，异性很容易就能制服我们。如此综合来想，这种情况还是很可怕的。

所以，如果有人，特别是异性和我们约定了一个比较幽静、封闭的会面地点，比如宾馆某处房间、对方的家里，或者某个餐厅的包间，等等。我们就一定要提高警惕。

先不要盲目地答应对方的邀约，在对方提出这个约定之后，就该立刻和对方确认一下会面的内容，就是问问他到底想聊些什么，到底想干什么，如果他只是说“安静地方好说话，就只是想好好聊聊”，那我们完全可以建议他“反正也没什么秘密的事，就在外面说也挺好”。但如果他说“不想让别人听见，只能对你说”的话，那就建议他写下来或者他自己去找个没人的地方给我们拨个电话。总之，从一开始就别轻易答应对方的邀约。

而实际情况则是，绝大多数异性在和女孩会面时，都不会说什么极其机密的事情，他们可没有那么多严肃且不能外传的事情可讲，无外乎就是想要借机独处，彼此聊一聊增进一下情感，如果有可能再表个白、诉衷情罢了。所以不管是从安全角度考虑，还是从不要早恋的角度考虑，都没必要和他们单独进入那些幽静且封闭的地方，就让他们和我们公开聊。不过假如对方一直要求我们去的话，那就要多留心了，还是该找个理由婉转拒绝。

有的女孩可能会说，“和我约见的人是我很熟悉的人，他是个好人，我觉得没必要这么过分谨慎”。其实不然，女孩身边的熟人作案，这种例子并不在少数，而且正因为是熟人，才更容易让我们放松警惕。等到对方凶相毕露时，我们往往只顾着震惊，恐怕也会因此而错失反抗和逃脱的最好时机。

那么，既然在其他幽静、封闭的空间里和异性单独见面是危险的，在我们自己的家里总可以了吧？我们的家是自己熟悉的地方，多少也会让我们更放松吧？

其实不然，如果是在自己家里，也同样不能单独和异性约见。恰恰就是因为自己的家，才会让我们不会觉得紧张，甚至有可能都不会担心这类事情发生，可家里如果只有我们自己的时候，也同样是一个幽静、封闭的空间，假如此时有其他异性和我们同处一室，不管是熟悉的还是陌生的，其所带来的危险性也是我们所不能忽视的。

因此，如果是在自己家里，我们更要多提防一些，因为家里不仅有我们自己在，还有大笔的财富，或者说全部家当，一个不小心，很可能就会导致“人财两空”。

所以，和异性相约，特别是单独和其有约的时候，最好不要考虑回家，如果家里有人还算好，假如家里没人，那我们就不如立刻改变计划，换一个“人多眼杂”的地方比较好。同时，在带着异性回家时，也可以高声谈话，以吸引周围邻居的注意，让大家知道我们带着同学或者朋友回家，这样一旦有什么事情发生，也好求救或者留下证据。

青春期的女孩看到这样的种种约束时可能会觉得很烦闷，这个年龄段的女孩本身就很想创造与异性单独相处的机会，可这里却一再强调不能和异性单独相处，说到底都是为了我们自身的安全。永远都要记着保护自己，而且懂得珍惜自己生命与安全的女孩，其实也都会得到大部分异性的理解与尊重。所以，别觉得这样的约束让人放不开手脚，只要自己安全、健康，比什么都重要！

对待“朋友”，要善良也要理智

上初二的杨雪是班里的生活委员，平时热心的她就对班上的同学关爱有加。再加上这是一所住宿制学校，大家都住在一起，彼此的感情也就更深厚。

有一天上晚自习，杨雪正在认真复习功课，突然有位男同学过来说李庆生病了。李庆是杨雪的好朋友，她自然颇为紧张，赶紧和那位来报信的男生一起把李庆扶回了宿舍。两人把李庆扶到床上，杨雪就对同样来帮忙的男生说：“你回去看书吧，这里我来就好，我和李庆是好朋友，我肯定能照顾好他。”那位男生犹豫了一下，还是同意了杨雪的建议。

屋子里就剩下了杨雪和李庆，杨雪直接坐在了李庆的床铺上，还笑着说要给他削个苹果吃。可就在这时，李庆却忽然从床上坐了起来，一把就抱住了杨雪并把她压在床上。杨雪被吓呆了，李庆却开始四处乱摸，边摸边说：“我喜欢你好久了，这回可是你自己创造的机会，和我在一起吧。”

杨雪吓坏了，开始拼命挣扎，好在那位男同学觉得女生单独待在男生宿舍里有些不妥，中途又折了回来，他一推门，李庆一惊，杨雪这才从这间宿舍里逃脱。

杨雪出于一片好心，当然也出于自己的责任，想要好好照顾“病中”的好友。但是她想得太单纯了，丝毫没注意自己的做法其实是有问题的。不知道读者有没有看出来她的问题之所在，首先她选择单独照顾男同学，其次她和男同学的距离太近了，最后就是她对男同学太过不设防。好在有另一位同学的多方考虑，这才将她解救出来，不然她也许会有更为“难过且难堪”的经历。

绝大多数女孩子都是善良的，总是会在不经意间就流露出自己的善心。这原本是件好事，尤其是对待自己的朋友，当他们有困难或者遇到问题时，我们总是觉得能帮一把是一把。但在尽自己的力量去伸出援助之手时，我们也要保持理智，否则像杨雪这样只顾着热心，反倒将自己陷于危险之中。

不仅仅是帮朋友的忙，平时我们和朋友相处，不管是与他们在一起做什么事，也不管是对待同性朋友还是异性朋友，我们同样也要既善良又理智，虽然不能将所有朋友都看成坏人，可也不能毫无防备之心。毕竟，与朋友相处也要有分寸，也要留有足够的距离，更要保持自己的底线，以免自己被朋友欺骗，既伤了友情，又伤了自己。

那么，我们该如何把握好这个度呢？

第一，最好和多位朋友一起“共事”。

和朋友在一起会有很多事情可做，但不管做什么，如果可以大家一起参与那就大家一起来，尽量别搞一些两人组合，尤其是与异性单独成一组的情况则是能避免就避免。否则人越少，我们可能遭遇的危险就越多。

就像杨雪这种情况，其实她完全可以和另一位男生一起照顾李庆，或者找一个女生陪着自己一起来也是可以的。很多时候身为女孩的我们可不要表现得什么都行，需要和朋友一起做的事情，就要一起来，这并不会显得我们能力不强，相反在很大程度上会保证我们的人身安全。

第二，对于朋友提出的任何一个要求，都要多方考虑。

与朋友相处，对方总会有提出要求的时候，那么不管是“帮个忙”，还是“借点钱”，也不管是“我们一起去”，还是“传话要你来”，总之对朋友提出的各种各样的要求，我们都得考虑周全才能应答。

朋友提出的要求总不会是突然而来的，那就问问他原因，了解他的目的，听听这个要求是不是合理，时间、地点、人物、事件，是不是涉及金钱，有没有出现我们不能理解或者陌生的事物……应该尽量详细地了解朋友提出的要求，反复确认无误之后，再去应答或者拒绝。

尤其是特别要好的朋友，我们不能因为彼此关系很铁就“无条件信任”对方，总要在自己内心留一个底线、多一个心眼儿，多了解总没坏处。

第三，不要毫无保留地去帮助朋友。

有些女孩的热心肠很让人感动，她们会毫无保留地去帮助朋友。比如，朋友要借钱，她们会将自己身上的钱都掏空；再比如，朋友想要她们跟着一起做什么事，她们几乎连问都不问。

热心是好事，但热心的背后一定要有理智，不要“倾家荡产”，也别“将己相赠”。这是因为我们现在还只是学生，不能也没有权利自主支配家中的财产，毕竟这些都不是我们挣来的。同时，我们的能力也是有限的，凭借自己的能力可能并不会给朋友遇到的困难带来多么实质性的改变。所以，如果要帮助朋友，我们可以热心且努力，可也要懂得礼貌表达自己的“无能为力”。

比如，朋友想借钱，我们在了解其需要钱的缘由之后，先不要急着给他，可以建议对方先去找他的父母商量，如果不行，那么我们也不要倾囊相赠，最好不要暴露自己可以很无压力地解决他钱财的问题，否则一旦对方有异心，那么我们就该担心自己家的钱财了。

如果朋友想让我们动身帮他做些什么的时候，也要好好观察，别头脑一热就直接去了，如前所说，了解详细情况后再动身。一旦发觉情况并不是很合适，比如只有我们一个女孩子，或者要求我们去陌生、僻静的地方时，我们就完全可以拒绝，表示等人多的时候再相约一起去，或者和爸爸妈妈一起去。

◆第4章◆

面对各类突发状况，保护好自己

在生活中，我们可能会遇到各种各样的突发状况。当面对这些突发状况时，女孩是否可以保护好自己，这就是考验我们平时积累的时候了。只有我们平时掌握正确防范危险的方法，在遇到突发状况时，才能很好地保护自己。

小便宜“来袭”，不贪心就不会上当受骗

某市人民医院的急诊室里，小谨红肿的脸格外醒目。小谨是在父母的陪同下来到医院的，刚来医院的时候，她的眼睛都肿成一条缝了，脸上也是肿的，而且密密麻麻布满了红色的疙瘩。医生询问她的时候，她哭得说不出话来，从只言片语中，医生判断她是由于过敏引起的面部红肿。

究竟是怎么一回事呢？这还要从两周前说起。

小谨上的是一所师范学校，同宿舍的女生都和小谨一样十分爱美，平时没事大家都喜欢研究哪个牌子的护肤品好用，偶尔还会换着用用。小谨家条件一般，每个月的生活费也不多，所以，每次看到舍友买了一些比较贵的化妆品，她都感到非常羡慕，还有些隐隐的妒忌。心想，要是哪天自己挣钱了，一定要买套贵的化妆品用。

那天，小谨的表妹来学校看她，表妹也很爱美，性格也很活泼，见到小谨话就不停，还不断地给她推荐化妆品，见小谨对高档化妆品露出了向往之情，就好心地告诉她，自己的同学通过特殊的途径可以搞到高档化妆品，而且价格非常便宜。当小谨听到平时价格贵到咋舌的化妆品竟然价格那么便宜的时候，觉得有点不可信，感觉这里面一定有问题。可是表妹信誓旦旦地说，自己的朋友是内部人员，货一定是真的，但这些高档货由于是从特殊途径弄到的，所以每次都不会很多，很多人想买还得排队呢。

看到表妹信誓旦旦的表情，小谨不由得向往起来。这么高档的化妆品，如果以这个价格买到手，那将是多么划算啊！而且，自己不说，别人

也不知道，没有人知道自己是花这么少的钱买到的，想到这，小谨不由得笑出了声。小谨赶紧把钱给了表妹，表妹也很给力，拿到钱第三天就给小谨送来了高档化妆品。看到小谨买了这么高档的化妆品，舍友们纷纷表示非常羡慕，小谨的心里乐开了花，觉得自己捡了大便宜。

可是谁也没想到，小谨第一天用这些化妆品，脸上就出现了不适，但是她没有放在心上，继续使用。第二天、第三天，小谨脸上的情况越来越严重，她吓坏了，赶紧给爸爸妈妈打电话，爸爸妈妈送她去了医院，这才出现了开头的那一幕。后来事实证明，小谨买到的内部价高档化妆品，确实是假货。

不过，好在后来经过治疗，小谨的皮肤慢慢恢复了正常。但是，在恢复期间，她的心情一直非常低落，觉得自己不应该贪小便宜，导致这么严重的后果。这个教训自己会记一辈子。

中国有句古话，叫作“不贪为宝”。不可否认的是，任何人都有贪心，关键是，贪心是大是小，而且，在事情发生的时候，我们能不能识别出自己的贪心，让贪心不起作用。

很多情况下，贪心会在我们最薄弱的环节起作用。就像故事中的小谨，她可能平时很有警惕心，不会那么贪图小便宜，但是，在自己最喜欢的化妆品这一问题上，警惕心就没有敌过贪心，一心只想着拥有了这些梦寐以求的化妆品该是多么幸福、有面子，渐渐地失去了理智的判断，让贪心做了主，最后才出现了一个令人难以接受的结果。

对于这种情况我们女孩一定要警惕，因为女孩天生细腻敏感，在乎的东西有很多。往往你越在乎某个东西，在判断的时候就越容易失去理智。

事实上，追求任何东西都要有个度，在这个合理的度中，我们要头脑冷静清晰，明白这个世界上没有任何东西是免费的、有便宜可占的。要知道，商家卖出的东西，一定是有利可图才会出手，如果这件商品比市价低很多，那基本可以断定商品是有问题的。如果有哪个人明确地表示出，他出售或者给你的东西，让你占了大便宜，你一定要警惕，便宜的背后往往需要你付出一定的代价。

很多女孩往往由于涉世未深，只看到了眼前的便宜，而没有看到便宜背后的“陷阱”，最后受到很大的伤害。说到这儿，很多女孩可能会感到恐惧。这个世界那么大，我们阅历那么浅，究竟应该怎样去防范呢？防不胜防怎么办？

其实，我们要能看清楚事情的真相就简单多了。任何“陷阱”和“坑”前面，都有一个光鲜诱人的“诱饵”，只要我们遇到事情有一颗不贪小便宜的心，时刻保持着冷静清醒的头脑，并坚定地认为这个世界上根本没有小便宜可占，那么，再诱人的“诱饵”，在你的信心面前也会黯然失色。

如果我们还拿不准，那么，遇到事情的时候，最好能听听周围人的意见。有时我们可能由于过于喜欢一件东西，太想拥有它而丧失了判断力。如果能适时地参考一下周围人的意见，也许就可以免于上当受骗了。“不贪为宝”，一颗不贪、不妄求的心是最珍贵的，值得所有的女孩拥有，它会让你少走很多弯路。

识别小偷，并给小偷一个不偷你的理由

2011年11月12日凌晨，15岁的女孩晓玲走下了从四川广元开往西安的列车，她的目的地是安徽省蚌埠市。但是，裤兜里仅有的200元钱已经不知去向。不知所措的晓玲顶着寒风独自徘徊在西安火车站站前的广场上。

快到中午的时候，两女五男一群人在观察了她一段时间之后，像找到猎物般地要将她拉去“歌舞厅”找活干。

晓玲惊慌失措中看到不远处停着一辆出租车，她迅速“逃”进车里。车主郭师傅是个好人，不仅帮她摆脱了坏人，还自掏腰包为她买了回家的火车票。

同样是在火车站，16岁的女孩佳佳，则成功识别了小偷的面目，保住了自己的财物。

2014年寒假，佳佳独自一人乘高铁前往另外一座城市的小姨家，在候车室等车的时候，发现旁边是一个身材高挑、靓丽的女孩，她手里一直拿着一本杂志在看，可是眼神却总是瞟向四周。

佳佳觉得不对劲，她想起在一本书上看到过一个识别小偷的技巧：“贼眼左右乱看，手拿报纸雨伞，男的衣着平凡，女的花枝招展。”

她开始注意起这个女孩，果然，不一会儿女孩就瞄准目标准备下手了，佳佳及时将这个情况报告给了车站的警务人员，最后人赃俱获，那个女孩在又一次下手时被抓了个现行。

如果我们都能像佳佳一样，知道小偷长什么样子，就会避免被偷的危

险。那么小偷长什么样子呢？

小偷大多会在人多的时候下手，一般我们和好朋友逛街的时候、挤车的时候，比较容易遭遇小偷。而人员密集的市场、车站，也都是小偷比较喜欢下手的场所。

首先我们要说，小偷和我们普通人的关注点不一样。一般我们在赶路的时候，都会很累，上了车都眼睛发直往下看。而此时如果你看到一个人眼睛滴溜乱转，到处乱看，这是在观察，找准对象好下手，如果你遇到这样的人，就要提防。

另外，一般人赶路的时候都会带些行李，而小偷就不一样，带着东西不容易下手，他们一般两手空空，要么就是手拿报纸或雨伞作为遮挡，这些东西是他的道具，拿这些是为了更好地掩护自己。

小偷除了不会拿很多行李，他在穿衣打扮上也有区分。一个反扒经验丰富的老警察说，一般男的小偷都是灰头土脸的，打扮得越平凡越好，为的是不引人注意。而一般女的小偷就会打扮得花枝招展，因为普通人都难以抵挡美女的魅力，越是面对漂亮的女人，人们的防范意识就越差。因此，当面对形迹可疑的“美女”时，我们也应该提高警惕，不要被她们的外表蒙骗。

除此之外，小偷的行动也总是很不循常规，基本是哪里挤他去哪里。一般人出门总是喜欢躲避混乱，避免和别人挤来挤去，而小偷则不同，越混乱的地方，他才越有下手的机会。所以，当我们身处拥挤混乱的地方时，要把背包护在胸前，不要贪图小利去一窝蜂地哄抢某件物品，要有保护自己以及随身物品的意识，尽量远离混乱的场所。

当你坐公交车的时候，如果注意观察，经常会发现一些人两手空空地去挤车门，从车门上来之后再下车，不会停留在车上，这些人十有八九就是小偷，他的目的不是把空间让给别的乘客，而是偷窃物品。还有一些人会紧紧地贴在别人的后面，明明车上不挤他也会贴着，要是刹车的时候，就会猛地贴一下，如果看到这样的人，他也有偷窃的嫌疑。我们要远离这样的人，在上下车的时候，注意保护好随身的物品，即使很拥挤的时候也要保持清醒，把物品护在胸前，口袋里不要装贵重的东西，这样小偷就没有下手的机会。

以上是小偷的基本“画像”，在生活中我们要注意观察，善于总结，我们这样做并不是为了夸大危险，而是要学会一些基本的自我保护本领，在今后的生活中遇到突发的状况时，才能及时识别出危险，好好去应对危机。

我们除了要认识小偷，还要懂得什么样的人容易被小偷盯上。

基本有以下两种。

第一，马马虎虎的人。

如果你是一个马马虎虎的女孩，背包从来都是背在身后，并经常忘记拉上拉链，走路的时候特别喜欢戴着耳机，那么，你就是一个特别受小偷“喜欢”的人。原因不用细说你也会明白，所以，平时走在路上要特别注意细节，不要给小偷任何可以下手的机会。

第二，炫富、高调的人。

很多女孩平时就很注重形象，这没有问题，但是，一些贵重的首饰、物品，最好不要在公共场合显露。有时你可能是无心的，但是居心叵测的人可能就会盯上你，因为，你看起来就比一个普通人更加有被偷的价值。

所以，在公共场合要尽量衣着简单、朴素，不要太过高调招摇，这样做也是对自己的保护。

这样的小常识我们不妨多了解一些，我们了解得越多，防范意识越强，就越容易远离小偷的威胁。

遇到坏人，要知道“四喊三慎喊”

2013年5月的一天，某市发生了一起恶性杀人案件。死者是一个名牌大学的女大学生，行凶者是一个出租车司机。

事情的经过是这样的：

这个女孩是名校的大学生，才貌双全、能歌善舞。那天和几个朋友聚会，聚会结束后独自打车回学校。夜已经很深了，出租车司机看她长得漂亮就起了歹意，把她强奸了。本来出租车司机没想杀人，可就当他要放这个女孩走的时候，女孩说了一句话：“我记住你长什么样子了，我一定要报案。”

事后，在出租车司机的供词中他陈述道，就是这句话让他起了杀心。

我们现在思考一下，问题到底出在哪里。谁都不想出门遭遇坏人，但是，如果我们没有深刻的反省意识和危机意识，当我们突然遭遇险境的时候，就不知道应该怎样做，也许一句话不慎，就会使事情发生变化，导致难以预想的结果。

很多女孩在遭遇危险的时候，会不自觉地高声尖叫，但是，看了上面的事例我们就会发现，高声尖叫和一些刺激歹徒的话，有时是不可以说出口的，在任何时候，我们都不要逞一时之快，要用智慧判断在危险的情况下应该怎样做、怎样说，我们要确保自己的安全。大声喊和说解气的话，有时不仅不能化险为夷，还会将自己置于危险之境。

专家告诉我们，如果遇到色狼，要做到“四喊三慎喊”，即男友在旁高声喊，二三女友在旁高声喊，白天高峰高声喊，旁有军警高声喊。天黑人少慎高喊，孤独无助慎高喊，直觉危险慎高喊，斗智斗勇智为先。

具体的做法是：当旁边有人可以帮助自己震慑和制服坏人时，要毫不犹豫地高声喊。比如，男性朋友在身旁，或者很多女性朋友在身旁时，遇到危险要高声喊。即使身边没有认识的人，在白天的时候，我们在遭遇危险后高声喊叫也可以很快地聚集正能量，坏人迫于畏惧周围人的压力，就会知难而退。特别是当身边有军人或者警察的时候，是一定要大声喊出来的，军人和警察代表着正义的形象，一定不会对你置之不理。

那么，什么时候不能喊呢？这里有一个判断的标准，就是要以不伤害自己的身体为标准。如果你身处的环境天黑人又少，这时候如果高声喊容易激怒坏人，到时不能脱身还会惹来杀身之祸。这就要学会和坏人斗智斗勇，要学习这种应对危机的办法。我们除了要明白什么情况下不能做什么样的事，更重要的还是要学习怎样使自己避免处在这样的危险境地中。

中国人民公安大学的王大伟教授认为，一年有三次犯罪高峰："较为平安一二三，四月五月往上蹿，夏季多发强奸案，冬季侵财到峰巅。"因此，我们可以看到，夏季是我们需要特别注意的季节。

其中，很大一部分原因是一到夏天，很多女孩衣着都很暴露，而且夏季炎热，一些女孩会在外面玩到很晚才回家，这就给很多不法之徒制造了犯罪的机会。

女孩都爱美，但是作为女孩，我们要知道怎样才是真正的美。如果你以为衣着暴露是美，那么，在你的潜意识中，就等于在向异性释放出一种不正确的暗示。也许你正处于青春期，也许你正在爱慕某个男生，但是，你也要学会以一种自爱的方式去释放你的美，衣着暴露不是美，在很多情况下是一种危险。如果你身边碰巧有这种起了歹心的不法之徒，他就不会放过这种为非作歹的机会，那么，你无异于将自己置于险境。

因此，作为女孩，我们要首先学会自爱。如果我们不穿暴露的衣服，不玩到很晚才回家，就相当于给自己加上了几道安全的屏障，我们可以屏蔽很多无妄之灾。

另外，我们平时也不要走人烟稀少的小路、近路或小胡同；不横穿空旷的地带；如果是夜行，要选择照明好的街道，最好不要独行，更不要搭陌生人的车，应有人接送；夜晚如需乘车一定要选择正规出租车，如果是独行则需要将车牌号发送到家人和朋友手机上，并时刻和家人朋友保持联系；如果是经常夜行者，应购买防身器。

其实，很多时候女孩对危险的判断是出于一种直觉。而这种直觉是要从小培养的，除了不要做惹祸上身的事情，在关键时刻还要保持冷静，时刻把保护自己的生命安全放在第一位，这是应对危机的最关键准则。

既要防范恶意出现的坏人，也要警惕“善意”出现的“好人”

家住黑龙江省佳木斯市的晓冬刚升入初一。因为爸爸之前说了，等上了初中，就给她开一张属于她自己的银行卡。爸爸会把她的压岁钱存在卡里，当作晓冬一年的零花钱，供她随取随用。终于等到这一天了，晓冬拿着爸爸递给她的银行卡，既紧张又兴奋。

转眼就是妈妈的生日了，晓冬一心想着自己把钱取出来，然后去给妈妈买礼物，以证明自己独立了。取款机前没什么人，只有一个年轻人在她后面排着队。由于早就看过爸爸取钱，晓冬熟练地将卡插入取款机，输入了密码，把钱取了出来。别说，钱从自己的卡里取出来，感觉还真不一样呢！

就在这时，她听见后面又人喊她：“小姑娘！钱掉了！”“啊？”晓冬一听，慌慌张张地看了看地上，果真有一张百元大钞在地上。“这么马虎！”晓冬嘟囔了一声，快速地拣起钱，向人家道了谢，回身取了卡就去逛街了。

可是，事情的发生有时就是这样具有戏剧性。她回到家的时候，发现爸爸正坐在客厅等她，手里还拿着一张银行卡。爸爸问她：“你的银行卡差点被坏人偷走你知道吗？”晓冬诧异地看着爸爸，打开钱包取出自己的银行卡，说：“我的卡在这啊！”爸爸说：“你再看看！”晓冬仔细一看，原来自己手里的这张银行卡根本不是自己的，爸爸手里的才是，这究竟是怎么一回事呢？

原来，晓冬当时取钱时跟在她身后好心提醒她的年轻人，是一个惯犯。他已经很多次在同一区域的取款机前作案了，每次看到合适的作案对象，他都会跟在其身后，当受害人接到“吐”出来的钱，正欲退卡时，他会故意将一张钱掉在地上，然后“好心”提醒受害人钱掉了，目的是转移受害人的注意力。

当受害人蹲下身去捡钱的时候，这个惯犯或者其同伙就会迅速将事先准备好的银行卡插在卡槽里，受害人以为是自己的卡便拿起离开，而他则继续利用ATM机内的卡盗取客户的现金。

幸运的是，这个惯犯屡次作案已经被警察盯上了，当他调包晓冬卡的时候，警察为了不打草惊蛇并没有惊动他。等到他刚想偷取晓冬卡里的钱时，警察把他抓了个现行。警察调取了晓冬银行卡的资料，找到了爸爸的电话，把卡还给了爸爸。

听到爸爸的描述，晓冬惊讶地张大了嘴说不出话来。半晌她才沮丧地说：“我真的以为是自己的钱掉了，还把他当成了好心人，没想到……我差点就把压岁钱都弄丢了！”

爸爸安慰她说：“吃一堑，长一智，现在的犯罪分子花样很多，有时令人防不胜防，以后遇到这种事情要冷静，有时‘好心人’并不一定是好人，今后爸爸要多给你讲一讲这方面的事情，你再遇到类似事情就知道怎样判断了。”

我们怎样判断一个人是不是好人呢？基本的标准就是要看这个人有没有一颗好心。如果一个人披着好心人的外衣，心里却打着鬼主意，那这个人一定不是一个真正的好人。这个道理，也许我们要等到真正步入社会才能明白。

我们在家里，是否会因为爸爸妈妈的一句责备就认为他们不爱我们，故而心生怨恨。其实，这是因为你没看到爸爸妈妈的心，他们心心念念为我们好，虽说有时可能方法不得当，但是，那一颗为了儿女的真心却是最珍贵的、最值得我们珍惜的。

有时，我们还会因为老师指出了我们的缺点，就认为他们是偏袒某人，对自己不好，而失去对老师的敬意；有时，我们也会因为好朋友无心的话就疏远他们，伤了好朋友的心。

其实，这些人才是我们真正值得珍惜的人。在我们的求学阶段，父母、老师以及同学好友，他们用真心陪伴我们走过青葱岁月。我们在求学阶段收获真心，以后才会有智慧和精力去面对纷杂的社会，面对复杂的人群，才能真正辨别出哪些人是真心待我们，哪些人只是为了一时的利益在欺骗和利用我们。

所以，女孩要想练就一双辨别善恶的“火眼金睛”，首先要懂得珍惜身边人对我们的付出与爱，并时刻想着把这些爱回报给他们，这样才能让生活形成一种正能量的循环，这种能量是我们成长成才的动力。

当我们心中有爱的时候，也不要忘记多看一些社会新闻，关注一下时事的动向，这样，你就可以知道，在现今这个社会中，还存在着一些不完美的现象。一些老年人和年幼的孩子之所以容易被骗，一部分原因是他们没有掌握“流行”资讯。

对于我们来说，如果能知道现在存在的一些骗术，等再出现问题的时候，头脑就可以缓冲一下，就会想一想，这突然发生的事情真的那么简单吗？如果我们时时关注社会动向，并不时与父母讨论应对，这就相当于平时练兵，等再遇到事情时就会条件反射一般地先去冷静分析，那么，上当受骗的概率就会小很多。

只有我们多了解骗子的伎俩，才能生活得更加从容。

不过话说回来，无论我们怎样去学习应付这个复杂的社会，那都仅限于“战术”层面，是一种生活的技能。在我们的内心，还是要相信这个社会好人多，这是我们生活在这个世界的信念，因为，只有善可以吸引善，恶才会吸引恶，我们只要多多释放善意，美好的东西就不会离开我们，邪恶的事物自然就会远离。

远离各种寻衅滋事，不去凑“热闹”

孙阳是某国际中学的一名初中生，她生性活泼好动，性格有点像男孩子。因为她颇为“豪爽”的个性，结交了很多不错的朋友，就连一些平时大大咧咧爱打架的男孩子，也都成了她的好朋友。

平日里好朋友经常在一起玩，有什么好东西也一起分享。一天，有几个和孙阳关系不错的女同学说，她们共同的好朋友李嘉不知因为什么事惹上了社会上的小混混，小混混扬言要教训李嘉，吓得李嘉不敢出校门，正召集朋友给自己壮胆呢！

孙阳一听有些害怕，但是为了“哥们义气”，还是忍不住去找了李嘉，并向他表示，有什么事情自己一定会“出力”。果然，到了放学的时间，小混混们在一条胡同里截住了李嘉一行人，李嘉他们由于人也不少，所以态度也很强硬。小混混不吃这一套，上来就扯着李嘉的衣领要揍李嘉，李嘉的“热血”朋友们见状都冲了上去，双方扭打到一起。

孙阳和一群女孩本来只是想来给李嘉壮胆，可是没想到他们真的打了起来，有几个人的头还流了血，她们顿时都呆住了。不过孙阳却显得有些与众不同，她也害怕，但是她觉得“哥们义气”更重要，此时不出手，事后李嘉他们不知道该怎么看她，更不知道还会不会拿她当朋友。

想到这，孙阳抄起地上的一根棍子，趁着他们扭打的工夫，猛地朝小混混头目的头上一击，小混混大叫一声倒在地上，血流不止。

扭打的人群没有料想到是这种结果，一个个呆在原地，孙阳也呆住了，瘫坐在地上。闻讯赶来的老师们迅速将自己的学生隔离到一边，并把受伤的人送去了医院。

所幸的是，受伤的小混混并没有大碍，只是脑震荡住了一周医院。在这期间，孙阳一家承担了他所有的医药费，而且，所有参与打架的同学都得到了学校的严肃处分。

一般来说，性格豪爽、开朗的女孩会有很多朋友，我们也都喜欢这样的女孩。但是，性格豪爽、开朗和做事鲁莽并不能画等号。孙阳为了朋友“两肋插刀”，结果却闯下大祸。那么，遇到类似的事情，我们应该怎样做呢？

第一，有什么事要及时报告老师。

我们都有自己的好朋友，谁都不忍心看到好朋友有“麻烦”，当好朋友有了麻烦，我们怎样做才算是真的帮了好朋友的忙呢？如果麻烦事是发生在校园中，或者是发生在好友的身上，那么，我们就一定要把这件事报告老师，向老师寻求帮助。

如果我们像孙阳一样，为了“义气”，自己把自己搅进一场打斗中，那是再傻不过的行为了。别说我们是女孩，力气本来就比较小，像这种打斗的场面最好远离，就算是力气大的男孩子，参与到这种打斗中来也是非常危险的。

最好的方法就是把实际情况报告老师，请求老师的帮助。

第二，不要有看热闹的心理。

有时我们放学走在回家的路上，或者陪好朋友出去逛街的时候，会看到有一些人聚众斗殴。一些“好事”的人就里三层外三层地或远或近地围观。其实，这种看热闹的心态是非常危险的。

《弟子规》中说：“斗闹场，绝勿近，邪僻事，绝勿问。”经典为什么这样教导我们？这是因为，凡是斗争的场所，都是是非之地，如果一不小心，就会惹祸上身。遇到这种寻衅滋事的人，或者打斗争吵的场合，我们躲还来不及，怎么还能去看热闹？所以，我们一定要记得，要离寻衅滋事者远远的，以保证我们身心的安宁。

特别是女孩，我们在生活中更应该注意保护自己的安全，要有远离是非的意识，不要招惹是非，不要参与争斗，这样才能让父母放心。

第三，不结交社会闲散人员。

不得不说，有时候人的好事是自己找的，坏事也是自己找的。我们一定要明白这个道理，不要结交社会闲散人员，不要给自己卷入危险之境的机会。就像故事中的李嘉一样，如果他不去招惹小混混，不去结交社会上的闲散人员，这场斗殴怎么可能发生？到最后，事情发生的时候，才发现自己做错了，但后悔已经来不及了。

再说孙阳，如果她知道什么是真正的好朋友，也许就不会替李嘉隐瞒事实，而是报告老师。如果她在他们斗殴的时候不去参与，而是能回头及时去寻求正当的帮助，也为时不晚，但她偏要以鲁莽的态度亲自参与到一场斗殴中，并以此来彰显自己是“靠得住”的，这就是幼稚的表现了。

对各类传销骗局，多一分了解就多一分安全

西安市一名叫夏岚的女生高中毕业后考上了当地一所师范学校，但是由于和爸爸妈妈闹了点小别扭，就动起离家出走的念头，学也不想上了。

就在这时，她的一个网友告诉她，自己在南方某著名旅游城市的一家合资企业上班，工作很轻松，月薪将近6 000元，也没有人管着，生活得特别惬意。夏岚一听就动了心，着急地问有没有适合自己的工作。网友拍着胸脯告诉她，自己和主管的关系特别好，只要她来，保准能安排工作，到时候就能养活自己了，哪里还用得着再受爸爸妈妈的气。

听到网友这样说，夏岚乐开了花，这话简直说到了自己心里。她把自己存的零用钱都取了出来，又偷拿了妈妈一些钱，收拾了几件衣服，连招呼都没和爸爸妈妈打，就坐火车去了那座城市。

网友如约去火车站接她，还带了一个同事去。夏岚满心以为他们会带着自己先去公司看看，没想到他们不着急带她去，而是带着她在城里逛了起来。逛了一天直到天黑，也没有提公司的事。这时夏岚觉得有点不对劲，可是也没说什么。

他们给夏岚找了个地方住下，第二天把她领到了一个小区，敲开了一户人家的门。打开门之后，夏岚疑惑地发现不大的屋子里满满都是人，空气中都有一股难闻的气味。所有的人都坐在地上，听前面一个人在激动地讲些什么。

夏岚有些蒙了，网友也不隐瞒了，“如实”地告诉了她，之前说的合

资企业上班的事是假的，但是现在有一个特别大、特别赚钱的事情等着她来做，前途无比广阔……

听他这么说，夏岚心里暗暗叫苦："坏了！难道这就是以前听别人说的传销窝点？"夏岚一时间回不过神，但是，她决定不能打草惊蛇，她要找机会逃出去。她装出一副特别信任这些人的样子，听课听得也无比认真，终于，她找到一个机会逃了出去。

等她费尽千辛万苦再见到爸爸妈妈的时候，一下子抱住了妈妈，哭了出来……

传销是指组织者或者经营者发展人员，通过对被发展人员以其直接或者间接发展的人员数量或者销售业绩为依据计算和给付报酬，或者要求被发展人员以缴纳数千、数万、十几万甚至几十万元的费用为条件取得加入资格等方式。

1998年4月21日，我国政府已经宣布全面禁止传销。尽管国家三令五申、严厉打击，可是以暴利为诱饵欺骗他人进行非法推销劣质或走私商品、大肆偷逃税收的传销活动依然屡禁不止。

既然这是一种违法行为，我们为了保护自己免受传销团伙的欺骗，对于传销团伙的真面目，我们也要多多了解。

对于传销团伙来说，他们要发展下线，要做的第一步就是邀约。而他们下手的对象，往往就是自己至亲的亲人以及好友、同学。由于现在传销已如过街老鼠，所以传销团伙在骗人入伙时，给自己做的事情加上了很多时髦的说法，比如网络直销、加盟连锁、人际网络、网络销售、框架营销、连锁销售、1040阳光工程、资本运作、纯资本运作、人力资源连锁业、电子商务，等等。

他们会以帮助找工作或做生意等名义，用高额的回报和金灿灿的未来为诱饵，将不明真相的人骗往异地，诱使或胁迫他们参与变相传销诈骗活动。

他们有自己严密的组织，也有一套"完美"的理论和教材，为了鼓动别人加入，传销教材中往往充斥着许多逻辑怪异，但具有较强诱惑力和煽动性的言辞，从某种角度讲，无异于一本“魔鬼辞典”。他们甚至还打着国家扶持的旗号，大张旗鼓地宣传自己的观点。而目的只有一个，就是让你上钩。

经过一系列的培训与轮番的人员会面，如果你被成功“洗脑”（据报道，传销团伙通过“洗脑”和人身控制等措施成功率高达90%，如果一个人没有足够的定力是难以抵制“诱惑”的），那么你就成为他们中的一员，用这一套同样的方法再去对待自己的亲人和朋友，让他们上钩，这也就是所谓的“人传人”。也就是说，这个人缴纳的“入门费”或“加盟费”即被他的“上线”分掉，当然还会返还给缴纳费用的人一部分，作为“工资”，之后这个人再以同样的方式骗别人“加盟”，成为他的“下线”，再去逐级按比例分掉“下线”缴纳的“入门费”或“加盟费”……

无论他们的说辞多么严密与激动人心，而传销的本质就在于通过发展下线实现财务的非法转移与聚集。实际上，其并未创造社会价值，这是它与正常营销的本质区别。它的目的很明确，就是牟取非法利益。而且，参与传销的绝大多数人都不会获取到他们宣传的利益，只有最上一级的人可能会赚取非法利益。但这些传销组织被公安机关破获之后，没有赚到钱的“下线”人员会被遣散回原籍，而获取非法利益的极个别人，则会面临法律的严惩，会被判刑坐牢。也就是说，凡是参与传销的人，根本就没有赢家。所以，这种行为不仅会扰乱经济秩序，还会影响社会稳定。

所以，我们一定要洁身自好，对于这种危害亲友、危害社会的行为，我们要有一定的了解，坚决抵制，千万不要参与其中。很多家庭因为传销而负债累累甚至亲人反目、妻离子散。说到底，它利用的还是人想不劳而获的贪心。我们需要的是和努力相对等的成功，任何异想天开、天上掉馅饼的事情，都只是巨大的陷阱而已，是不切实际的，是一条不归路。

危急时刻，知道拨打110、119、120、122

对于前段时间发生的一件事，晓君还记忆犹新。那天她和好朋友约好去书店看书，书店离家不远，她俩约好了走着过去，一边散步一边聊天，很快就到书店了。

书店还没开门，好多人都在外面排队等着进门。在她们旁边是个年龄和她相仿的女孩，黑黑的头发，就是脸色有点太白了，晓君不由得多看了她几眼。

门开了，人们依次进入书店。没想到，就在这时，刚刚那个脸色有些发白的女孩，竟然踉踉跄跄地一头栽倒在地上，周围的人发出“啊——”的惊叫。

晓君离她最近，惊慌之中想扶她也没扶住，女孩倒在了地上。此时，周围人迅速围住了她，人们都有些慌乱，有的想扶起她，有的说不要动。

晓君突然想起，对了！要打急救电话！快打120！晓君掏出手机，急忙拨打了急救电话，不一会儿，救护车就赶到了，女孩顺利地被送到了医院。

因为抢救及时，女孩才没有发生生命危险……

为了应对生活中出现的危险和紧急情况，全国设有一些紧急呼叫的电话号码。这些号码都是免费的，而且就算你的手机没钱了，也是可以拨打的。但是，这些紧急电话的拨打也是有讲究的，为了维护我们自身的安全，以备不时之需，我们需要学习一下这些紧急电话的拨打技巧。

拨打110报警电话。

许多人都知道在遇到危险或紧急情况时要拨打110报警，但是，它的主要应用范围有哪些呢？大体来说，110报警服务台以维护治安与服务群众并重为宗旨，除负责受理刑事、治安案件外，还接受群众突遇的、个人无力解决的紧急危难求助。因此，在以下情况下都可以拨打110：

(1) 正在发生杀人、抢劫、绑架、强奸、伤害、盗窃、贩毒等刑事案件；

(2) 正在发生扰乱商店、市场、车站、体育文化娱乐场所公共秩序，赌博、卖淫嫖娼、吸毒、结伙斗殴等治安案件；

(3) 发生各种自然灾害事故；

(4) 发生重大责任事故；

(5) 突遇危难无力解决；

(6) 要举报违法犯罪线索。

在拨打报警电话的时候，有以下几项需要特别注意的地方：

(1) 报警要及时，遇到险情报警要就近越快越好；

(2) 报警时要按民警的提示讲清报警求助的基本情况，并提供报警人的所在位置、姓名和联系方式；

(3) 报警切记要表述清楚，不要含混不清，更不可以夸大事实；

(4) 如无特殊情况，报警后应在报警地等候，并与民警和110及时取得联系；

(5) 当自身发生紧急状况时，要委托他人报警。

这基本上就涵盖了我们生活中可以遇到的所有紧急危难情况。但是，除了110报警电话，有时我们还需要用到另外几个有代表性的紧急电话。

拨打119火警电话。

发生火灾时首先要沉着冷静，不要惊慌失措。拨打火警电话时有以下注意事项：

(1) 要在火灾发生的第一时间拨打119火警报警电话，发现火灾及时报警，这是每个公民的责任；

（2）火警电话打通后，应讲清楚着火单位，所在区县、街道、门牌或乡村的详细地址；

（3）要讲清着火的是平房还是楼房，最好能讲清起火部位、燃烧物质和燃烧情况；

（4）报警人要讲清自己的姓名、工作单位和电话号码；

（5）报警后，应该派专人到小区或者街道路口等候消防车，指引消防车去火场的道路、以便迅速，准确地到达起火地点。

拨打120急救电话。

我国大部分城市和县都已开通了医疗专用120急救电话，120急救电话24小时有专人接听，接到电话可立即派出救护车和急救人员。有些没有开通120的地区，医院也向社会公布了专用急救电话号码，病人可以选择要去的医院拨打。

在拨打120急救电话时，要注意以下问题：

（1）明确清晰地告知病人所处的位置，不要因为情绪问题而表述不清，或者告知一个没有明显标志的模糊地址；

（2）说清病人的主要病情，如呕血、昏迷或从楼梯上跌下等，使救护人员能做好救治设施的准备；

（3）报告呼救者的姓名及电话号码，一旦救护人员找不到病人时，可与呼救人联系；

（4）若是成批伤员或中毒病人，必须报告事故缘由，比如楼房倒塌、火车出轨、毒气泄漏、食用蔬菜中毒等，并报告罹患人员的大致数目，以便120调集救护车辆、报告政府部门及通知各医院救援人员集中到出事地点；

（5）挂断电话后，应有人在住宅门口或交叉路口等候，疏通搬运病人的过道并引导救护车出入；

（6）若在20分钟内救护车仍未到达，可再拨打120。即便病情允许，也不要再去找其他车辆，因为只要120接到你的呼叫是一定会来救护车的；

（7）选择医院要以“就近”为第一原则，因为对于需抢救的病人而言，争取时间尤为重要。

拨打122交通事故报警电话。

当遇到交通事故需要报警时，要谨记以下内容。

接通报警电话时，要简明扼要地讲清事故发生的时间、具体地点，所发生事故的性质，双方车型、车牌号、现场是否有人员受伤、车上是否载有危险品、事故车能否移动、事故车是否起火等；报警内容要实事求是，以便警员做出准确的判断，采取相应的措施；报警结束后要在原地等候事故处理民警到达，并保持联络畅通。

但是，因为有时突发事件性质复杂，紧紧拨打一个紧急电话并不能解决问题。我国很多地区已经建立“四台联动”机制，也就是说，再遇到突发事件救援信息后，110、119、120、122将携手出击。四个信息平台都会有所反应，可以根据突发事件的情况，第一时间派遣所需要的救援部门赶往现场实施救援工作，这无疑会进一步降低突发事件所造成的伤害和损失。

面对被跟踪、盗抢、绑架劫持、拐骗，要有智慧地应对

2013年3月的一天早上，天刚蒙蒙亮，培培正准备去学校上早自习。当她走到镇上邮局门前时，突然一个陌生男子从她身后冲过来，用左手捂住她的嘴，右手拿一把小刀抵住她的脖子说："不要乱叫，敢叫的话我就用刀捅你，把手机和钱拿出来！"

培培非常害怕，但是她告诉自己不要慌乱，为了不激怒绑匪，她配合地说："我正要去上学，兜里没带钱也没有手机，你要多少钱我去给你借。"男子却说："我杀人了，需要的钱你恐怕借不起。"

觉得在街上太显眼，绑匪将她带到了附近一幢正在修建的房屋里，开始盘问培培的家庭情况。培培如实回答绑匪的问话，但是没有告诉他家人的电话号码，她说自己记不清。她问绑匪："你什么时候能放我走，我好回家给你拿钱。"绑匪没有理她，还把培培的手脚绑起来，并封住她的嘴。

这时，楼下传来脚步声，绑匪急忙把培培嘴上的胶布撕下，又把她的手脚解开。一个中年男人见到他们，问他们是干什么的，并说自己是房主。

绑匪说："这是我妹妹，我们随便转转。"培培在绑匪身后冲房主使个眼色然后摆摆手，但房主没有明白她的意思，只是吆喝他们离开。

随后，绑匪拉着培培离开，培培自始至终都表现得很顺从，使绑匪放松了警惕。当路过一个小山头时，培培看到不远处有一群晨练的人。她对绑匪说："这里路窄，拉着手不好走，我也不敢跑，你让我自己走吧。"

绑匪信以为真，开始往山上走，培培跟在一旁，并有意地走慢一些。

培培发现绑匪径直往前，放松了警惕，就立即转身朝着山下跑去。绑匪见到培培逃跑就开始追，但是无奈培培跑到了人群里，人太多了，绑匪害怕被抓住就放弃了。当培培赶到学校后立刻将该事告诉了班主任，并到公安机关报了警。

在警方调取的案发现场监控录像里，培培一眼就认出了当时拉着她的绑匪，很快，这个绑匪就被抓住了，等待他的将是法律的制裁……

女孩天生柔弱，很容易就会成为犯罪分子的目标。当我们不幸遭遇跟踪、盗抢、绑架劫持、拐骗时，不要硬拼，我们无法和早有准备的歹徒拼力气，我们要用智慧去面对，才能寻得一线生机。我们应该怎样做呢？

第一，欺骗。

对待坏人，我们要能骗就骗，目的是保证我们的生命安全。就像培培那样，当觉得反抗可能会有危险的时候，就假装很听话的样子，让绑匪放松警惕，这样才有机会逃跑。

第二，逃跑。

如果我们不幸被坏人控制，只要一有机会，就要逃跑。哪里人多就往哪里跑，哪里有可以帮助我们的人，我们就往哪里跑，坏人就是害怕去人多的地方，一旦我们到了人多的地方，就安全了。

第三，报信。

如果我们被犯罪分子控制住，一旦有机会，就要报信，让别人知道真实的情况。像培培那样，在小楼里她向房主使眼色就是报信，只可惜房主没有看明白。但是，遇到这样的情况，一定不要气馁，一有机会就要不动声色地求助。

第四，看轻钱财。

钱财乃身外之物，和生命比起来，钱财是微不足道的。有时歹徒并不是想要伤害人的生命，只是图财，那么我们就要舍弃钱财，保护我们的生命安全是第一位的。

第五，不要激怒歹徒。

有的女孩性格刚烈，容易激怒歹徒。如果我们身处险境，就要收敛个性，不要出言激怒歹徒，更不要强调自己记住了歹徒的模样，这样有可能会激起歹徒的害命之心。什么都没有生命重要，一定要记住这一点。

第六，学会松绑技巧。

此外，我们还需要学一下捆绑的技巧。如果歹徒要拿绳子捆，那就伸出手让他捆，自己主动伸手让他捆，捆的时候，两只手肌肉稍微绷一下，微开一点就行。他捆得再结实，把你的手都勒红勒出血了都不要紧，等他一走，手一合一伸，五下之内这个绳必然松。如果你反抗，他可能从后面把你捆上，那么到时就解不开了，变得很被动。

第七，劝导

有些犯罪分子是青少年，他们的犯罪动机不强，不是那种杀人不眨眼的凶手，如果真的遇到危机，好好地跟他聊一聊，也有逃生的可能。

这都是随机应变的智慧，到实际应用的时候还需要我们见机行事。也许这些知识在生活中用到的机会不大，但是，有备无患，我们需要对它们有一定的了解。

晚上尽量不外出，如必须外出要结伴而行

林倩倩上完晚自习没有立即回家，而是准备去买一个耳机。好朋友觉得不放心，要陪她去，她满不在乎地说："没事的，你快回家吧！我这么大个人了，谁还能把我怎么样？买完我就回家，放心吧。"

超市马上就关门了，没想到路上的人那么少，林倩倩自己走在路上还真有点害怕。就在这时，她发现有一辆摩托车不快不慢地跟着她。她走快一点，摩托车就骑快一点，她走慢一点，摩托车也慢了下来，她停下，摩托车也没有动静了。

这可把她吓坏了。就在这时，同班的几个同学骑着自行车路过。她高声喊了其中一个同学的名字，并快步跟上了他们，一跃上了同学的车后座，让同学载出了好远。等到她再回头，骑摩托车的人早就不见了，她舒了一口气，也没心情再逛超市了，赶紧回了家。

很多学校都向女孩提出建议，爸爸妈妈也这样告诫我们：夜间不要一个人出门，请不要在人烟稀少的路上行走，外出尽量结伴而行。女孩属于弱势群体，如果夜晚自己走在路上，遇到居心叵测之人很容易被当作目标。

所以，为了我们的安全，我们要这样做：

第一，走人多的路。

俗话说：人多力量大。如果我们夜晚必须要出门，请一定要结伴而行，这样即使遇到坏人，他见到我们成群结队，也不敢贸然伤害我们。但

是，即使是结伴而行，我们依然要选择人多、有路灯的大路行走，不要走小路，也不要走过于黑暗的路。

第二，不要离陌生人很近。

如果有陌生人靠近，我们要立刻走远，更不要随意和陌生人搭话。即使我们人很多，一旦发现可疑人员尾随，要及时到有光亮的地方，并拨打家人电话以便前来接应。我们无法预知遇到的是怎样的人，所以，要保持警惕性。

第三，保持手机电量充足。

如果我们执意要很晚的时间出门，那么，出门前一定给自己的手机充足电，保持开机状态。和大家走在路上，要注意周围，特别是晚上，不能只顾着发短信或打电话。保持手机畅通，是为了万一遇到特殊情况，可以第一时间通知家人或者报警，手机能起到联络和沟通信息的功能，因此，一定要保持手机畅通。

第四，穿戴整齐，自信大方，不随身携带贵重物品。

即使是夜晚走在外面，我们也要穿戴整齐。特别是夏天，如果我们衣衫不整，就容易让别人误会，给自己招致祸端。哪怕一群人在一起，有一个女生衣着举止给人感觉比较轻浮，那都是一种危险的信号。

所以，我们如果要结队而行，就要集体保持整洁的仪容仪表，并且要自信大方，不要畏畏缩缩，给人一种很怯懦、柔弱的印象。整洁的仪表、自信大方的举止可以击退他人的邪恶念头。

另外，出于自我保护的考虑，走在路上也不要携带贵重物品，以免被盯上难以脱身。

第五，没有特殊情况，不要太晚回家、回校。

最重要的是，没有非常特殊的情况，不要太晚回家、回校。尽量选择白天和天不是很黑的时候去办事情，办完事情尽快回家、回校。毕竟，对于女孩来说，天太黑以后出门总是不安全的。即使是有人陪伴，也不如白天更加有安全保障。

遇到不能解决的事，求助父母、老师而不是同龄人

茗茗13岁了，是个有主见的女孩。平日里爸爸妈妈对她也很放心，她的日用品、学习用品，还有衣服，妈妈都放手让她自己去买。她还好几次组织班里的同学去郊游，还有自己坐火车去上海的姥姥家玩儿的经历，老师和家人都觉得她是个独立能力特别强的孩子。

在同学们的眼中，她也是这样，所以，她有很多好朋友，大家有事没事就会坐在一起聊天。聊天的时候，时间仿佛过得很快，大家将小烦恼互相一倾诉，立马就得到了解决。所以，这群小姐妹只要没事就在一起，形影不离，感情非常好。

可是，最近茗茗有件烦恼的事情，那就是这一周来自己经常肚子疼，有时候疼起来都直不起腰。她一直觉得是自己吃坏了肚子，和小姐妹们说起的时候，她们也说，这没啥大事，有的建议她再肚子疼的时候，吃两片止痛药，保准见效。

茗茗觉得这主意不错，当她又肚子疼的时候，就找出奶奶的止痛药吃了，果然，腹痛很快就停止了。但是，茗茗妈妈却发现茗茗的脸色好像越来越难看了，直到有一天，茗茗去拿奶奶的止痛药被妈妈撞见了。

妈妈询问她怎么回事，茗茗轻描淡写地说："没啥事妈妈，我肚子有点疼，吃这个止痛药可管用了！"妈妈当时就吓了一跳，说："止痛药不能随便乱吃，你经常肚子痛吗？怎么没听你说过啊？"茗茗也很惊讶："我最近经常肚子疼，好朋友告诉我止痛药可以治，而且它很管用啊！"

妈妈一听，脸色都变了，立即拉住茗茗的手说：“茗茗，止痛药不能随便乱吃，你不知道自己为什么肚子痛就吃止痛药，那么你真实的病情就会被延误，这可不是开玩笑的！走！快跟妈妈去医院。”

茗茗一听也傻了眼，她以为没有这么严重。不过幸运的是，检查之后，医生告诉她们茗茗只是到了要来月经的年龄，这属于初潮之前的综合征，不是什么大病，吃点中药调理一下就好了。但是医生还嘱咐茗茗，以后身体不舒服一定要及时告诉妈妈，自己不能乱吃药，下次再这样可能就没这么幸运了。

在生活中，我们有很多好朋友。随着年龄的渐渐增长，也许我们和好朋友聊天、相处的时间，远远多于和父母、长辈以及老师在一起的时间。我们习惯于有事情找好朋友倾诉，好朋友有事情也习惯于告诉我们。

我们与好朋友之间的感情在相互交流中会越来越深厚，很多时候，我们甚至觉得，只有好朋友才是生命中最重要的人，我们可以离开父母、老师独立生活，但是我们不能没有朋友，没有朋友我们就变成了孤单的人，我们害怕这种孤单。

可是，你知道吗？在我们成长的过程中，任何我们身边的人都是与我们息息相关不可缺少的。好朋友给了我们温暖的陪伴，在他们面前我们可以完全释放自己而不用担心被批评，我们的话讲给他们听，不用解释他们就可以明白。也许，和同龄人沟通起来比较轻松，也比较容易产生共鸣，我们在与同龄人的交往中找到了自己的位置，找到了自信。

但是，即使这样，爸爸妈妈以及老师、长辈，也是我们生命中不可或缺的最重要的人。老师的职责是“传道、授业、解惑”，爸爸妈妈和长辈们在我们身边，可以用自己的人生经验来引领我们成长，为我们保驾护航。

不管我们愿不愿意承认，他们的人生经验就是一种宝贵的财富。我们作为晚辈，作为他们的孩子、学生，如果不好好利用这笔财富，那将是很大的损失。

对于他们来说，是非常愿意对我们敞开心门的，帮助我们成长的。也许有时两代人的观念不同，可能我们和他们之间有摩擦，但是，我们就是需要在这种摩擦中发现他们的珍贵之处，发现他们不同于同龄人的睿智。这里面有他们吃过的亏、上过的当、做过的后悔事，这些智慧里蕴含的是深厚的生活积淀。

同龄人对我们的理解固然重要，但是，我们也需要过来人的智慧来指引我们的生活。每个父母、老师与长辈，都希望我们能成为独立的人，但是，正处于成长期的我们，有时就会有这样那样难以解决的问题出现。

当我们有了问题时，首先要做的，就是找个机会好好地和他们沟通沟通，听听他们的意见，他们会以自己生活的经验和智慧，为迷茫和痛苦的你做出最好的选择。他们时时刻刻都盼望与准备着做些什么，以便能帮助你成长，你的信任会加深你们之间的感情，他们也会为能成为你信任的人而感到高兴。

万一自己做错了事，不屈从他人的威胁与摆布

向雨筠高高瘦瘦的，性格比较内向。当同龄的女孩扎堆挤在一起有说有笑的时候，往往只有她一个人孤孤单单坐在教室的一个角落里，拿着她的素描铅笔在纸上写写画画，同学们在背后都说她是个怪人。

她不属于班里任何一个“小团体”，和人说话永远不敢用正眼看人，虽然女同学们都羡慕她又高又瘦，但是她却把这个也当成自己的缺点，觉得自己太高了导致自己不合群。其实，她自己心里明白，她不想和同学们做朋友的原因是自己太自卑了。其实她在美术方面很有天赋，画的画连老师都赞不绝口，但是由于家庭条件不好，她总是买不起好的笔和纸以及画画书。

她以后的理想是当一名画家，可是学画画的开销很大，一般家庭都供不起，她的爸爸妈妈只是普通工人，供她和弟弟读书都已经很不容易了。就因为这个，她总觉得自己在同学们面前抬不起头来。

她知道班里的萱萱有一套非常漂亮的画册，价格贵得惊人，她非常想看一看，可是萱萱太骄傲了，自己不知道怎样向她开口。她心里一直想着这套画册，终于有一天，教室里就剩下她一个人，她非常紧张，因为她想趁着这个机会打开萱萱的书桌，看一眼那个画册。但是，万一被人发现了可怎么办？她犹豫着，脸憋得通红。不过，很快她就决定了，要去冒一次险，就看一眼。她快速地走到萱萱的书桌前，拿出了那本画册，她看着看着竟然走回了自己的座位。就在这时，林浩闯了进来，她慌乱中将画册塞

到了自己的书桌里。

林浩发觉向雨筠有些反常，他突然走到了她的座位旁边，发现了她藏在书桌里的画册。“这不是萱萱刚买的那本画册嘛！哦！你偷了萱萱的画册！”林浩夸张地大声叫着。向雨筠脸涨得通红通红的，都快哭了。她小声说：“你小点声，我不是偷，我只是想看看。”“看就看吧！你为什么放在自己书桌里！”林浩质问她。“我……”向雨筠啥话也说不出来。

见向雨筠被自己吓住了，林浩说：“这样吧！你把画册放回去，我不把你的事说出来，但是我有一个条件……”原来，林浩想让她帮自己考试打小抄。迫于压力，向雨筠只好答应了他，她心想，就一个小抄，没事的，万一他把这事说出去，那就全完了。

她帮林浩打了小抄，但是没想到，之后他的要求越来越多。让她跑腿帮自己买东西，问她要钱，有时自己做错了事，还说是向雨筠做的，如果她不照做，他就威胁说要把“秘密”说出来。时间长了，向雨筠再也受不了了，她决定去找萱萱坦白，这一次，她要勇敢地面对自己……

在我们成长的过程中，犯错误是再常见不过的事情了。有谁没有犯过错呢？犯了错误之后，最主要的是我们的态度，我们是用怎样的心态来面对它。是想隐瞒而错上加错？还是勇敢地面对，在修正错误的基础上快速成长？我们究竟该怎样面对这样的事情呢？

我们都是在错误中成长、成熟的，在一个个“美丽”的错误中，我们收获了爱，也汲取了成长的养分。

我们不能把人生设定为没有缺陷的、完美的程序，作为成长中的女孩，我们每天面对的都是新鲜的世界，我们要摸索着往前走。完美的人生是每个人的追求，成长中的错误是我们追求完美人生的阶梯，我们必须踏着它走过去才能看到圆满的未来。

所以，不用害怕犯错，最重要的是，我们有没有勇气面对它，并改正它。

可能有的女孩会说，错误也分好多种，像考试没考好这一种失误，可以通过努力学习来弥补，但是有时候是由于自己做了不想被别人知道的事，就像故事中的向雨筠那样，这时，错误的弥补就不那么简单了。如果碰巧这个错误再被其他人遇到，就更加尴尬了，很多时候，我们为了不让“丑事”曝光，宁愿选择息事宁人。

但是我们有没有想过，如果错误曝光可能会是短痛，但是“委曲求全”却有可能让心怀鬼胎的人利用我们，让我们变成驮着重壳的蜗牛，心灵也不能舒展。

既然难堪的事情已经发生了，又碰巧被心怀鬼胎的人看到，这时，我们就要去衡量，一边是自己犯下的错，一边是坏人的贪心，到底什么才是你能掌握并改变的。

要知道，一个人的贪心如果被勾起来，那么再想回到正轨就没那么容易了。特别是在这种明知道你犯了错还要威胁你的人那里，信誉是不值一提的。所以，只要你一直忌惮他会揭露你，他就会一直利用你，直到你无法忍受为止。

既然这样，我们何不选择从一开始就不和他“玩这个游戏”。在保证自己人身安全的前提下，选择用正当的方式去弥补自己的错误，改正自己的错误，做一个光明磊落的人。这才是勇敢的女孩，这也是对自己最好的保护。

◆第5章◆

识别陌生人的骚扰，不上当受骗

我们每天都会遇到形形色色的陌生人,尽管并非所有陌生人都是坏人,但是我们应该明白,世界远不像童话般单纯美好,防人之心不可无,我们要学会识别陌生人的骚扰,谨防上当受骗,学会应对陌生人的技巧,避免自己受到不必要的损失与伤害。

女孩不要轻易地“送人回家”

一天下午，淅淅沥沥下着小雨，小萱步行给闺蜜送糖蒜，她知道闺蜜爱吃糖蒜，每年这时候便把妈妈腌好的糖蒜专程给闺蜜送去。

在路上，小萱看见一个挺着大肚子在雨中行走的孕妇，突然这名孕妇摔倒在地，小萱急忙上前搀扶，两人交谈了几句之后，小萱扶着孕妇送她回家，走到孕妇所居住的楼下，孕妇把手中的伞放在单元门口，两人说了几句话后就一同上了楼。

在这之后，小萱给朋友发来微信：“送一名孕妇阿姨。”“到他家了。”

令人没想到的是，这充满了爱心的留言竟成了小萱留在这个世上最后的遗言。

闺蜜没有等到小萱送来的糖蒜，小萱彻夜未归，家人和朋友四处寻找，并向公安机关报案。

几天后，他们接到了公安机关传来的噩耗：小萱可能遇害，犯罪嫌疑人之一的孕妇谭某已经被警方抓获，据交代，她故意在路边摔倒，利用小萱的同情心，以送自己回家为名，将小萱诱骗至家中，伙同丈夫白某杀害了小萱。

那么，谭某为何要假装摔倒把小萱骗至家中呢？小萱又是如何遇害的呢？

原来，就在谭某和白某婚后不久，白某从他人处获知妻子在与其恋爱期间还曾与其他男子保持着不正当关系，为此，他恼羞成怒，经常打骂谭某。为了让丈夫寻得心理平衡，谭某萌生了找个女孩供他奸淫的想法，以此作为对他的补偿。在得到白某的同意之后，她开始到处为丈夫物色“对象”。

案发当天，漂亮、高挑的小萱被谭某盯上了，于是，谭某假意摔倒，善良的小萱把她扶起来，并送她回家。

送到家门口后，小萱本打算离开，谭某却拉住不放，用花言巧语将她骗至自家屋内。

白某觉得小萱长得挺漂亮，就和她聊了一会儿天，为了感谢她，给她拿了酸奶，当时，一盒酸奶是开封的，一盒酸奶是未开封的，开封的那盒酸奶已放入了一种神经麻痹类药物。小萱看了一眼那盒开封的酸奶就喝了，不久之后，她就出现了昏迷症状。

随后，白某用此前购买的手铐将小萱铐在床头栏杆上，欲对她实施奸淫，见小萱正值生理期，加上其自身原因，最终致使奸淫行为未能得逞。

白某和谭某因为害怕罪行败露，就萌生了杀人灭口的想法。于是，白某用枕头捂压小萱的口鼻，谭某用双手按压小萱的双腿，最终致小萱窒息死亡。随后，谭某和白某将小萱装进编织袋，然后塞进旅行箱内，将尸体运至郊外掩埋了。

生命是脆弱的，脆弱到一次不经意的邂逅都可能改变人生的轨迹。小萱是个善良的姑娘，她好心送孕妇回家，却不曾想，回报她的不是微笑和感谢，而是对方蓄谋已久的罪恶计划，以及她生命的终结。好心反遭毒手的悲剧，一朵生命之花的枯萎，不免让人揪心、痛心。

犯罪分子可恶至极，相信法律会给他们最严厉的惩罚，我们任何的抨击与谩骂也只能表达一下此时此刻的一种愤怒，而冷静下来，我们更应该思考的是，在人性的善恶与社会公德之间，我们应该如何平衡自己的善行与自我保护之间的关系。

助人为乐也好，见义勇为也罢，如果善行要以生命为代价的话，那么面对需要帮助的陌生人，还有多少人愿意伸出援助之手呢？虽说做好人、行好事是有风险的，但这不是我们抛弃善良与责任的理由，我们应该在保护好自己的前提下去帮助他人。

面对陌生人的求助，我们当然要伸出援助之手，但要讲究方法，比如，可以求助路边巡逻的民警，或是拨打110报警，民警会在第一时间赶到，并针对各种求助给出相应的帮助；如果对方身体不舒服，就打120急救电话，等待救援人员的到来；也可以联系求助者的家人。还有，如果你行至比较偏僻的地方，恰巧遇到陌生人求助，最好不要单独一个人去面对，可以招呼身边的成人，或是赶紧拨打110报警，让成人或民警去处理。

如果对方希望你送他回家或到指定的地方，切记千万不要这样做，哪怕对方只是一个小孩子。要记住，按照人身安全保护的原则来说，一个单身女孩，无论是什么情况，如果不是自己至亲的亲人，如果身边没有大人的陪同，都不要单独送陌生人回家，更不要单独进入一个陌生的环境，因为无论是从概率的角度来说，还是从现实中的统计来看，这种情况发生抢劫、性侵等意外状况的可能性是非常大的。

试想，如果小萱只是将孕妇送到小区门口或楼下，或许悲剧就不会发生了。也许你会说，如果孕妇自己不能上楼怎么办呢，那就给她的家人打电话下楼接她，或是寻求周围人的帮助，一起将她送到家中。再退一步说，即便小萱一个人把孕妇送回了家，如果她没喝那盒开封的放了麻痹类药物的酸奶，也许就会在寒暄几句后马上离开，就算是被困在屋内，头脑清醒的她也会想出逃脱的办法，可能也不至于丧命。

当然，这一切都是如果，悲剧已经发生了，说再多如果也没有任何意义了，但是这却给了我们太多的警告，无论做什么好事，都要保证自己的安全，不要轻易送陌生人回家，更不要喝陌生人给的水或饮料……

当然，我们也不能以偏概全，毕竟这只是个别犯罪分子实施的犯罪行为，我们不能因此而否定人性中的真善美，只能说，我们在面对这个纷繁复杂的社会时，要学会一些保护自己的技巧。

可以给陌生人指路，但不要给陌生人带路

小佳鑫与哥哥就读于同一所小学，他俩每天都一起上学。一天，当兄妹俩走到距学校大门100米处时，被一个身穿蓝色羽绒服、头戴黑色绒帽的陌生男子拦住了，陌生男子笑眯眯地问道："小朋友，请问××超市怎么走？"

"就在前面不远的地方。"小佳鑫热情地为陌生男子指路。

陌生男子说："小朋友，你看现在离上学时间还早着呢，不如你俩带我去吧，肯定不会耽误你们上学的。"

小佳鑫觉得，能够亲自给叔叔带路，也不会迟到，还能做一件好事，便爽快地答应道："好吧！"

可是，陌生男子却突然说要到附近的广场找人，要求兄妹俩一起去，并承诺到超市后给他们买很多好吃的。小佳鑫想到还要上学，就拒绝了。然而，就在他们想转身离开的时候，陌生人一手抓住她，一手拽住哥哥，把他俩强行拉过马路。

这突如其来的举动让小佳鑫意识到自己与哥哥的处境非常危险，便装作很听话的样子，低声说道："叔叔，你看我们也跟着你走了这么远的路，实在是有点走不动了，这样吧，你在前面走，我们在后面跟着。"

就这样，小佳鑫和哥哥一路跟着陌生男子，当他们行至一处洗车场的时候，小佳鑫想起伯伯就在这附近，便故意放慢脚步，趁陌生男子不注意的时候，拉着哥哥狂奔到伯伯的家门前，使劲敲打窗户，并大声呼救，陌

生男子见势不妙就逃走了。

最后，在伯伯的护送下，兄妹俩安全地回到了校园……

如果陌生人向你问路，你会给他指路吗？如果他希望你可以带路的话，你是欣然答应，还是婉言拒绝呢？

能够帮助他人是一件好事，所以很多女孩都会选择给陌生人带路，但是，这背后却隐藏着较大的安全隐患。就像案例中的小佳鑫，她和哥哥出于好心给陌生人带路，却未曾料到，助人为乐竟差点演变成一场悲剧，还好那天小佳鑫机智，不然后果真是不堪设想。

试问一下自己，如果我不认识路了，会向谁寻求帮助？一般会向巡逻的警察、店铺的工作人员或路边的大人求助，因为他们对附近的路况比较熟悉。而陌生人不去向他们寻求帮助，却专挑女孩问路，多半是有问题的，未免有些居心叵测。那么，提高警惕性是很有必要的，要在确保自己安全的前提下给予他人帮助。

如果你是与他人同行，或是独自一人行走在比较繁华的路段，可以给陌生人指路。因为，在这种情况下，对方一般不会有什么过分的举动，万一对方有什么过分的举动，你可以大声呼救吓退对方，也可以求助于周围的人。

在给陌生人指路的时候，最好是选择在原地，用最简洁的话告知对方，并与对方保持一定的距离。如果不好叙述具体位置或是不太清楚，可以说一些诸如“您还是去问问那边的警察吧”“不好意思，您可以去问问别人”“我不清楚，要不我帮您找个人问问吧”之类的话，实在不行，还可以建议对方买一份地图或拨打“114”问路，如此，既帮助了他人，也保护了自己。

万一对方请你带路，可以礼貌地说“对不起，我有急事，你可以让警察叔叔或周围的大人帮你带路”，即便你正好顺路也不要给陌生人带路，如果陌生人纠缠不休，可以快速转身离开，也可以大声呼喊引起路人的注意。

如果你是在比较偏僻的地方，而周围也没什么人，最好还是不要给陌生人指路，礼貌并简洁地说一句“对不起，我不知道”，然后快步离开。要知道，如果不果断结束对话，会很容易被陌生人纠缠，而与陌生人相处的时间越长，危险性就越大。

还有一种情况，有的女孩可能遇到过：你已经热情地为陌生人指了路，而陌生人却借此热情嘘寒问暖，问一些与问路不相干的问题，特别是询问你的个人信息，如名字、住处、家庭成员等情况，这时候，你一定要立即警觉，不要随意透露个人信息，否则会误入对方所设的圈套。

我们可能还会遇到陌生人开着车问路。有一个女孩就有过这么一次惊心动魄的经历，一个开着车的陌生男子向她问路，她给陌生男子指了路，陌生男子请她上车带路，就在她犹豫的时候，陌生男子突然打开车门，强行将她拉上车，并拨通了女孩妈妈的电话，让她准备10万元现金。幸运的是，后来公安机关抓获了犯罪嫌疑人，把女孩安全解救了出来。

现在的轿车基本都装有GPS导航系统，想到什么地方，只要输入地址就能找到，一般是不需要问路的。如果遇到了开着车的陌生人问路，最好是让陌生人问别人，当然也可以给陌生人指路，但是要保持一定的距离，如果见情况不妙，赶紧跑到人多的地方。

此外，我们还可以通过观察来初步判断问路的陌生人是不是坏人，对于那些眼神飘忽不定、不停四处张望的人，对于举止粗鲁、痞子气十足的人，对于面露凶光、形色可疑的人，我们最好是敬而远之，以一句“不知道”回应，语气要尽量平和，千万不要惹怒对方。

当然，有的陌生人从表面上很难看出有什么不轨企图，甚至还会装出一副慈祥或可怜的样子向你问路，殊不知他是“披着人皮的狼”，对于这类人，我们必须要保持高度的警惕性，不要轻易上当受骗。

总之，记住一句话，我们可以给陌生人指路，但是不要给陌生人带路，不给陌生人任何伤害自己的机会。

对陌生人一定要守住自己的秘密

一天，外面下着小雨，10岁的沫沫撑着伞走在上学的路上，一位30多岁的阿姨走过来，向沫沫寻求帮助："小姑娘，你是在××小学上学吧，我正好也去那里，我出门忘了带伞，能不能和你打一把伞呢？"

沫沫见阿姨身上都被雨淋湿了，便说："当然可以。"说着，就把伞举向了阿姨那边。

"谢谢小姑娘，来，我来打伞吧！"阿姨接过沫沫手中的伞，两个人撑着一把伞往前走着。在路上，阿姨和沫沫聊起了家常，阿姨从沫沫那里得知她父母是做生意的，开着一辆价值20多万元的轿车。

就在这时，路边停下来一辆车，阿姨二话不说，拽着沫沫就上了车，原本和善的阿姨突然凶相毕露，恶狠狠地对沫沫说："快把你妈妈的电话告诉我，不然你以后再也见不到你妈妈了。"

沫沫吓坏了，只好说出妈妈的电话，阿姨拨通沫沫妈妈的电话："你女儿现在在我手上，赶紧准备30万元来赎你女儿，我警告你，不要报警，否则你女儿的性命不保。赶紧筹钱，等我电话。"挂断电话后，沫沫妈妈报了警。

此后，这位阿姨过一段时间就会拨打沫沫妈妈的电话，每次都是简短的两三句话，最终约定好了交易地点。民警乔装打扮，乘坐出租车悄悄跟随在沫沫父母乘坐的车后面，来到了约定的交易地点，一举抓获了两名绑匪，成功解救了沫沫。

沫沫热心帮助被雨淋湿的阿姨，却反遭绑架，好在最终犯罪分子没有得逞。但这并不是说，所有类似的情形都能得到好的结果。所以，千万不要放松警惕。

一般来说，我们帮助了陌生人，如果陌生人询问一些关于我们的情况，我们可能会认为这只是一般的寒暄，并非有何企图，就会降低警惕心，然后毫不顾忌地有问必答，结果就会在无意间透露一些自己的秘密，而这些秘密如果被不法分子知道，很可能就会产生不良企图。

在与陌生人说话的时候，也许对方没有恶意，也许对方看起来很友善，但是为了安全起见，我们不要轻易向陌生人透露自己的情况。如此，我们才能提高对陌生人的警惕性，从而有效地保证人身和财产安全。

那么，哪些是不应该向陌生人透露的情况呢？比如，自己的姓名、就读的学校及班级、日常行程、家庭成员的信息、家庭住址及电话、父母的姓名、父母工作单位及联系方式、家庭的财产状况、车牌号、何时家中无人，等等。

如果陌生人问及这些隐私，一定要拒绝回应，然后马上离开，以免被不法分子套取有用信息，进而实施不法企图。如果陌生人一直纠缠着你不放，而一时无法脱身，千万不要激怒他，先与他进行周旋，然后寻找机会逃脱。

再有，与同学在路上或车上聊天的时候，也不要随便谈论自己的情况，不要泄露个人及家庭信息，要知道，有的不法分子就是根据别人无意中的闲聊获得信息，然后非法侵害我们的人身和财产安全的。我们除了要对陌生人守住自己的“秘密”之外，还要替同学保守“秘密”，不要轻易向他人透露同学的住址、电话号码等信息。

还有的犯罪分子以打电话的形式，冒充公安机关办事民警或政府机关工作人员，以办案、催缴费用等理由，要求你说出父母的工作单位、联系方式等，或者说你爸爸或妈妈受伤住院，要求你赶紧让家里人往指定账户打钱，切记，千万不要轻信他人，既不要泄露个人或父母的信息，也不要将钱财转入指定账户，而是挂断电话，立即与父母取得联系，把情况如实告知父母，如果父母的电话无法接通，可直接拨打110报警求助。

不法分子作案的另一个渠道就是网络。随着QQ、微信、微博等社交工具的广泛普及，在带给我们娱乐的同时，也存在着一些隐患。有的陌生人加你为好友，与你聊天，就是为了从中套取有关你及家庭的信息。也许你会觉得在虚拟空间不会有什么危险，但是这同样会被那些别有用心的人利用，进而实施诈骗、行窃。

再有，有的女孩喜欢在QQ空间、朋友圈或微博中更新自己的动态，发布文字记录，上传照片、视频，也许你只是单纯地想记录下自己的成长、生活点滴，留下美好的记忆，但是这或许会将你及家庭的信息泄露出去，为不法分子提供了机会，将自己与家人置于险境。

曾有这样一则新闻：

2014年12月的一天，一位奶奶带着4岁的孙女到广场上玩，奶奶跳起了广场舞，孙女就蹲在旁边玩，奶奶沉醉在自己的舞蹈中，一时没有在意孙女。

一个四十来岁的陌生女子叫着孙女的名字，还说："我是你妈妈的朋友，你妈妈在那边的超市，要不要带你去找妈妈？"

正说着，奶奶的舞伴来到孙女的身边，那个陌生女子就走了。

陌生女子怎么会认识这个小女孩，并能叫出她的名字呢？原来，妈妈经常在网上晒女儿的照片，记录女儿的生活点滴，结果给了不法分子可乘之机。

就因为妈妈上网晒照泄露了信息，4岁的女孩险遭陌生人抱走。这就是在给我们警告，平日在更新动态的时候，也需留个心眼儿，不要将自己的姓名、就读学校、照片、固定行程、父母姓名或工作单位等信息发布在网上。

各种陌生人上门，一定要谨慎对待

星期六，爸爸妈妈都出去办事了，只有9岁的菁菁一个人在家，爸爸妈妈临走前，对菁菁千叮咛万嘱咐，一定不要给陌生人开门。

“咚咚咚，咚咚咚……”有人敲门。

菁菁通过猫眼观察后，发现有两个穿着工作服的陌生人，便说：“你们找谁啊？”

其中一个陌生人说：“我们是电业局的工作人员，过来检测一下你们家的线路，能开一下门吗？”

菁菁想起爸爸妈妈临走前的叮嘱，如果有不认识的人敲门，不能给他开门，于是，她说：“我爸妈不在家。”

“没事的，我们只要检测一下就走，很快的。”

“等我爸妈回来你们再来吧！”

“小姑娘，你看我们都穿着工作服，肯定不会骗你的，再说，如果这次检测不了你们家的线路，我们下次还得再来，你就支持一下我们的工作吧！”

听陌生人这样说，菁菁觉得再也没有理由可以拒绝了，便打开了房门。两个陌生人走进屋里，关上房门，其中一个陌生人迅速从菁菁背后捂住了她的嘴巴，另一个陌生人则用胶带封上，并用绳子把她捆了起来，之后洗劫了家里的现金、笔记本电脑等贵重物品，便逃之夭夭了。

陌生人敲门试探，发现只有孩子独自在家，便哄骗孩子开门，然后入室盗窃或抢劫的案件并不少见。在这类案件中，不法分子惯用的手段就是以送礼品、查户口、检查煤气管道、维修水管等为名骗开家门。如果我们毫不设防地直接开门，无疑会给不法分子创造便利的作案条件。

其实，案例中的女孩最初对陌生人是比较戒备的，并以“爸妈不在家”“等爸妈回来再说”为由拒绝给陌生人开门，但是看到陌生人穿着工作服，听到陌生人说“如果这次检测不了你们家的线路，我们下次还得再来，你就支持一下我们的工作吧”，她还是选择相信了陌生人，结果造成了家庭财产损失，万幸的是她没有受到其他伤害。

平日里，当我们独自在家的时候，一定要关好防盗门窗，防止不法分子破门破窗入室进行抢劫。晚上开灯之后，就拉上窗帘，不要让别人从窗外看到只有你一个人在家，否则会带来安全隐患。如果可以的话，最好打开电视机或音响设备，这样可以使不法分子误认为你家里有人，从而不敢有什么不良企图。

如果有人来敲门，要先通过猫眼看看来的是什么人，如果辨认不清他是谁，则可以隔着防盗门问清楚他叫什么、有什么事儿，对于不熟悉、不认识的人，不管他是什么身份，不管他有什么理由，都不要轻易给他开门，同时可以装作父母在家一样，喊爸爸妈妈，说有不认识的人来敲门，也可以谎称父母正在睡觉，这样可以把坏人吓跑。切记，无论陌生人提出什么样的问题，都要等父母回家之后再解决，千万不要贸然给陌生人开门。

尤其是现在一些不法分子会利用各种骗术，有时候会冒充某单位的工作人员、维修工人、家庭其他成员的朋友或同事、推销人员、问卷调查人员等，如果遇到这些情况，我们要如何应对呢？

如果对方是来送东西的，可以让他把东西放在门口，等他走后，你再去拿进来；如果对方是来取东西的，告诉他改天再来，可以问一下他要取什么东西，然后等父母回来后告诉他们；如果对方以敲错门、借纸笔写字给邻居留字条等看似平常的理由要求开门，也绝不能开门；如果对方是来推销商品的，也不要给他开门，直接拒绝“不需要此类商品”；如果对方是来做问卷调查的，就回答说“对这类调查不感兴趣”。

如果来人自称是家庭其他成员的朋友、同事或远房亲戚，也不能轻易让他进门，可以隔着门对他说：“对不起，他不在家，你改天再来吧！”“你打电话与他联系吧！”当然也可以问他有什么事，记下来转告给家人。

即使陌生人能够准确地说出家庭成员的姓名或其他信息，也不能开门。要知道，陌生人可以通过各种渠道去了解家庭成员的相关信息，这并非难事，所以要特别谨慎。

如果陌生人自称是检查电表或水表、修理家用电器、收取各种费用的，即便他身穿工作服，能够出示工作证，也不要给他开门，同时不要告诉他家中只有你一个人，可以这样说“我爸爸在休息，你改天再来吧”。

有的不法分子为了打消人们的防范心理，化装成和尚、尼姑，上门化缘，说是为了修复寺庙、尼姑庵，实际上，他们一是骗人钱财，二是骗开门后进行抢劫。那么，我们就不能随便开门，而是直接告诉对方“对不起，现在没时间”。即使我们真的想募捐，也不能将钱财交给个人，而是通过社会慈善机构，或者直接到寺院庙宇去捐，而且最好有爸爸妈妈等成人陪同。

有的陌生人发现只有你一个人在家，可能会用好听的话哄骗你开门，也可能会装可怜博取你的同情，抑或用凶狠的语言吓唬你，无论陌生人耍什么花招，找什么理由，一定不能上当受骗。

如果陌生人还是不肯离开的话，就对他大喊“你快走，如果不走我就报警了”，然后拨打110报警电话，也可以给父母打电话，或者是到阳台、窗口大声呼救，求助于邻居、路人，以震慑陌生人迫使其离开。

如果陌生人闯进了屋内，要在保证自己人身安全的前提下，与对方斗智斗勇，比如，可以冲着卧室方向大喊“爸爸，有人找你”，让对方觉得家里有大人，从而把对方吓跑；也可以赶紧跑进一个房间把门反锁，用电话报警，清楚地说出自己家的详细地址。但是，千万不要与坏人硬碰硬。

如果坏人以为家中没人而撬门入室，不要大声呼喊，而是赶紧藏起来。要知道，坏人之所以撬门入室，就是为了偷点值钱的东西。如果我们大声呼喊，可能会让坏人不知所措，从而做出对我们不利的极端行为。同时，我们要尽量记住坏人的体貌特征，如身高、面貌特征、衣着等（但一定不要让坏人意识到你正在试图记住他的体貌特征，不然也会激怒坏人做出极端行为来），并迅速报警。

总之，我们要了解“陌生人上门”的各种骗术，遇事多思考，谨慎对待，随机应变，以保障自己的生命安全为先。

不吃、喝陌生人给的东西

小蕊和囡囡相约在咖啡馆喝东西，正聊得起劲的时候，走过来两名男青年，端来一些吃的、喝的，说想和她俩交个朋友，一起聊聊天，小蕊和囡囡觉得他们很有礼貌，看着也挺友善的，就答应了，然后4个人边吃边聊。

然而，就在喝了对方端来的饮料之后，小蕊和囡囡逐渐失去了知觉，朦朦胧胧中被推上了一辆小轿车。在半路上，小蕊稍微清醒了一些，发现情况不对，于是想办法逃脱，结果被其中一名男青年控制住了。

就在这时，小轿车遇到了民警盘查，民警透过车窗向里望去，发现司机神情紧张，于是拦车检查，司机害怕民警看到车后座的情景，便借口拿驾驶证，想挡住民警的视线。民警起了疑心，便让车上的所有人员下车接受检查。

紧接着，从副驾驶下来一名男青年，解释说，车后座是他们的女朋友，因为喝酒喝多了就睡着了，所以无法下车接受检查。民警觉得事有蹊跷，便把后车门打开了，一个女孩用微弱的声音喊着“救命”，民警立即将两名男青年制服，随后发现后车座上有两名神志不清的女孩。待两个女孩清醒后，民警将两人送回了家。

对于每个女孩来说，零食和饮料有着很大的诱惑力，再加上我们缺乏防范意识，这就给那些心术不正的人提供了机会，他们会事先在食物或饮料中放入安眠药之类的东西，利用这些有问题的食物或饮料诱使我们上当，对我们进行哄骗，而我们一旦吃了或喝了这些东西，就会呼呼大睡过去，坏人就会伺机抢走我们身上的财物，或是趁机绑架、伤害我们。

我们都读过白雪公主的故事，坏心肠的王后为了毒死白雪公主，在鲜红的苹果外面涂上了毒药，然后打扮成老太婆的模样，把毒苹果送给了白雪公主，白雪公主本来就喜欢吃苹果，看到又红又大的苹果，就忍不住吃了起来，结果被毒苹果毒死了。幸运的是，王子救了白雪公主，两个人过上了幸福、美好的生活。

这只是一个童话故事，结局虽然很美好，却给我们敲响了警钟，在与陌生人单独相处的时候，千万不要轻信陌生人的话，不要随便接受那些来路不明的食物或饮料，如果有陌生人请你吃东西或喝东西，一定要婉言谢绝，即便是你曾经见过的人，也要学会拒绝。

还有的陌生人可能会说："这些东西是你妈妈让我顺路送过来的，你妈妈怕你饿了，快吃了吧。"记住，一定不能吃，可以这样回答："谢谢，我现在还不饿，我先收下吧。"拿过东西之后，就马上离开陌生人。至于东西，如果是食物，就把它捏碎后扔到垃圾桶；如果是饮料，就把它直接倒掉，要避免让别人吃到或喝到可能有问题的东西。

之前就出现了这样一个新闻事件：

一个6岁的孩子在地上捡到一根包装完好的棒棒糖，撕开包装袋就放进了嘴里，结果几分钟后，孩子趴在地上浑身抽筋，嘴吐白沫，之后被送进医院，可是，孩子的五脏六腑全部被腐蚀了，血液也变成了黑色，最终抢救无效死亡。

经检查发现，孩子的血液中含有高浓度的毒鼠强。而家人怀疑夺走孩子性命的就是那根棒棒糖。

这个真实而悲惨的新闻事件也在告诉我们，千万不能吃捡来的食物，即使它包装完好，没有一点儿破损，也不要吃。

还有，在公共场所，千万不要吃、喝陌生人给的东西，并收好自己随身携带的食物或饮料，如果想睡一会儿或是暂时离开一下，一定要保管好自己的食物或饮料，也可以让同行的人帮忙看着，防止不法分子趁机往食物或饮料中放东西。如果是自己保管，要记住食物或饮料放在了什么位置，醒后或回来后一旦发现东西被人动过手脚，就不要再吃、喝了，以防发生不测。

还有的女孩可能会选择在KTV、酒吧等公共娱乐场所聚会，这时候就要谨防目前出现的新型毒品。有的不法分子为了让年轻女孩吸食毒品，喜欢用一些新型毒品实施诱骗，毒品被伪装成袋装的跳跳糖、橙汁、咖啡、奶茶等，它们遇水即溶，包装和真的一模一样，口味和香味也和真的很相似，迷惑性很强，不是专业人士根本无法在第一时间鉴别真伪。

这种新型毒品属于合成毒品，主要成分为氯胺酮、咖啡因，甚至是吗啡，毒效持续时间较长，易出现兴奋、狂躁、抑郁、幻觉等症状。由于这种新型毒品包装很隐蔽，所以我们更需要提高警惕，不要轻易喝陌生人递来的饮料酒水。

更为重要的是，作为一名学生，我们不能出入像KTV、酒吧、夜总会之类的公共娱乐场所，因为这种场所属于“斗闹场”，潜伏着太多的危险。

如果不慎误食了掺有安眠药、麻醉药的食物、饮料酒水，这些药物一般会在15~30分钟发挥作用，一旦你发现情况不对，就立即想办法摆脱陌生人，向周围人大声呼救，或是拨打110报警，然后马上到医院检查身体，千万不要有所担忧，更不要觉得丢脸，否则很可能会有更严重的后果。

不被陌生人诱惑，不上陌生人的车

20岁的高某就读于重庆某大学，是一名爱心志愿者，经常去参加爱心志愿者协会组织的公益活动。

一天下午，高某准备从铜梁区回主城区，由于坐长途车不太方便，而妈妈出差不在家，无法亲自送她，家里人便给她联系了一个朋友的车，这位朋友正好要从铜梁区回主城区，高某算是搭个了顺风车，双方约好的时间是下午3点左右。

到了下午3点的时候，高某抱着一只小狗，在铜梁区温泉附近等车来接。

当家人的朋友赶到约定地点时，没有看到高某，便给她打电话，这才得知，就在大约10分钟之前，她搭错了车，上了一辆陌生人的车已经离开铜梁区了。于是，朋友便给高某的家人打电话说明了情况。

高某的妈妈得知她上错了车，便给她打电话询问情况，那时，她已经到璧山区了，还说："没事，我知道坐错车了，但是马上也要到主城区了。"妈妈一想女儿快到主城区了，便放心了，之后就没有给她打过电话。

第二天，妈妈给女儿打电话，结果电话一直提示"已关机"。由于女儿以前也有过关机的情况，不是正在睡觉，就是手机没电了，妈妈就没当回事。到了下午，妈妈继续给她打电话，结果还是打不通，心里闪过了一丝不祥的念头。

于是，妈妈给女儿的男朋友打电话询问情况，结果得到了一个不安的消息：我们也一直在联系她，她一晚上都没有消息。高某的男朋友说，当高某到壁山区的时候，还和他联系过，但是晚上8点以后，高某的手机就突然关机了，当时还以为是没电了呢！

随后，高某的家人和朋友分头在铜梁区派出所和壁山区派出所报警，并到通信营业厅调出了高某的通话记录，直到当天晚上8：05之前，她还和几个同学通过电话，在打最后一通电话的时候，她称手机就要没电了便挂断了电话，而这成了高某留下来的最后线索。

就在高某失联第11天的时候，噩耗传来，铜梁区公安局证实，高某已经遇害，而犯罪嫌疑人则是车主蒲某。

那么，车主为何会杀害一个只有20岁的花季少女呢？原来，高某在搭车途中与车主蒲某因乘车费用发生了争执，蒲某起了歹心，将高某杀害后潜逃。最后，警方将蒲某抓获。

这一两年，大家应该都从新闻中看到了有关女学生失联的事件，从失联到被囚禁甚至惨遭杀害，犯罪的魔爪频频伸向正值花季的少女。我们也许会认为这些危险更多的是存在于报纸、电视之中，是不可能发生在自己身上的。而实际情况是，如果我们缺乏防范风险的意识，那么这些发生在他人身上的危险随时随地都可能发生在我们每个人身上。

也许有人会将此归罪于治安环境，归责于相关部门对犯罪分子的打击不力，但不可否认的是，这类事件的频繁发生与个人的安全防范意识薄弱不无关系。我们应该关心的是，如何加强自我防范意识和应对能力，以减少此类悲剧的再次发生。

大多数女孩都知道，陌生人的车是不能坐的。但是，有的陌生人冒充好心人，有的黑车冒充顺风车，在这种情况下，有的女孩可能就会降低防范意识，而这背后很可能隐藏着危险。尽管我们相信这个世界上好人总是比坏人多，但是我们也要明白，这个世界绝不像童话般单纯，谁也不愿让自己成为悲剧的主角。

很多时候，我们无法判断陌生人是好人还是坏人，那么最恰当的做法就是时刻把“安全”二字放在心上，对陌生人保持警惕，不被陌生人诱惑，更不要随便上陌生人的车。正如大人们经常告诫我们的“害人之心不可有，防人之心不可无”。

就拿高某来说吧，整件事情在很大程度上是对当事人面对陌生人时是否具备安全防范意识的一种考验。遗憾的是，高某缺乏安全防范意识，她也许是因为事前没有与家人核实车辆及司机的相关信息，结果阴差阳错地上了陌生人的车，后来明明知道自己上错了车，仍然毫无防范心理，仅仅只是表示“没事，我知道坐错车了”，而不是赶紧下车，而且，她并没有向家人、朋友提供有关陌生人及陌生车辆的任何信息，如车牌号、陌生人的面貌特征等。如果高某当时能意识到这些问题，也许就不会遭遇不幸了。

当然，这时再说这些似乎已经晚了，但是这同样提醒着我们，要时刻保持必要的防范意识，不求偶遇、拼车、搭顺风车，不要随便上陌生人的车，尽量避免独自去人烟稀少的地方，如果到偏远的地方则让家人或朋友接送。

如果真的遇到了危险，千万不要随意采取激烈反抗的方式，比如，不要与其争执，更不能口出恶言，甚至是“硬拼”，以免激怒对方。尽量先用逃离、欺骗等策略，优先保护自己的人身安全，如果对方只是索要财物，那就让他拿走好了，千万不要贪恋那些财物，而是要学会让自己尽可能地少受伤害。

保持警惕，不理会陌生人的搭讪

一天，上小学5年级的梓萱手握苹果手机走在回家的路上，一个阿姨走到她身边，对她说："小姑娘，是放学了要回家吗？"

梓萱抬起头看了看阿姨，然后停下脚步说："对啊！"

阿姨从口袋里掏出手机，对梓萱说："我能借用一下你的手机吗？你看，我手机没电了，不知道朋友家住在哪里，无法联系上她，我能不能用你的手机给朋友打个电话，让她来接我一下呢？"

梓萱虽然有些担心，但是心想：大白天的，应该不会发生什么事情吧。于是，就把手机借给了这个阿姨。阿姨通完电话对梓萱说："我朋友10分钟后来接我，你能陪我去路口等一下吗？因为我还得用你的手机和她联系。"

梓萱心想，帮人就帮到底吧，便答应了。

很快，手机铃声响起，阿姨接通电话后对梓萱说："小姑娘，我朋友在对面呢，我过马路去找他，你等我一会儿啊。"

梓萱眼看着阿姨一边打着电话一边过马路，走到一辆车前，坐上车就走了。这时，梓萱才意识到自己上当了。

不少人都遇到过陌生人上前搭讪的情况，也许他只是一个普普通通的过路人，但或许他是一个谋划已久的不法分子。就像梓萱遇到的那个阿姨，这一切都是她早已谋划好的，为的就是骗取财物。

不法分子惯用的伎俩往往是先投石问路，找个话题与你搭讪，如问路、问时间、借用手机打电话、陪同买礼物等，混熟后再下个套让你钻，利用你的童真和善良实施犯罪。

面对搭讪的陌生人，有的女孩比较警惕，而有的女孩却没有戒备心，会和盘托出关于自己或家人的信息，甚至会跟随陌生人走，那么危险将一步步靠近。

那么，面对形式多样的搭讪方式，我们要如何应对呢？

如果陌生人前来搭讪是问路、问时间、借用手机或有其他事情需要你帮助，一定要以警惕的心去对待，最好是委婉拒绝，可以这样说“我也不太清楚，你去问一下别人吧”“对不起，我没有手机，你还是找别人问一下吧”，说完就转身离开，千万不要给对方接近自己的机会。

有的陌生人为了让你卸下防备心理，会装作认识你的父母，或者是以你父母的名义去要求你做一些事情，这时候，一定要懂得拒绝，要知道，父母有事会直接和你说，而不会让一个你不认识的人去转达。

有时候，陌生人为了博取你的好感，会拿一些玩具、糖果吸引你，你不要被它们所诱惑，千万不要贪图陌生人给的一些小恩小惠，以免吃亏上当，可以礼貌地说一句“谢谢叔叔，我不需要”。

有的陌生人会以陪同买礼物的方式搭讪你，比如，他可能会说：“我朋友家的女儿和你差不多大，我想给她买个礼物，可是不知道现在的女孩都喜欢什么，能不能邀请你一起去挑选礼物？如果你喜欢的话，我也可以给你买一个。”面对这种情况，你一定要懂得拒绝，可以以有事、急于回家等理由拒绝。

还有，我们在公交车站等车的时候，总会有陌生人上前向你诉苦说自己迷路了，钱包、手机都被人偷了，然后向你借用手机或要钱。一般来说，都是一些带小孩子的妇女或是老年人，出于同情心，很多女孩都会给予帮助。这样做是好事，但是如果陌生人是“披着羊皮的狼”，那么受到伤害的就是你了。你想一下，如果有人真的遇到了困难，会求助于谁呢？一般都会找有能力的人寻求帮助，或者是求助于派出所、救助站，又怎会找我们呢？所以，面对这样的陌生人，我们可以说“对不起，我帮不了你，你去找一下警察叔叔吧”。

有的陌生人一开始是以问路、问时间、借用手机来接近你，之后就开始和你攀谈，询问一些你的家庭情况，关于这个问题，前面已经提到过了，一定不要把个人信息和家庭情况随便告诉陌生人。

还有，现在科技发达了，使用致人昏迷的药物逐渐成为不法分子的常用手段，只要陌生人一靠近你，你就会被迷昏。所以，遇到陌生人搭讪，一定要与陌生人保持一定的距离，如果对方向你靠近，你要拉开安全距离，以便在必要的时候迅速逃离。

如果在独自上学或放学的途中遇到可疑人员跟踪或纠缠，不要慌张，要注意观察周围有没有成年人，见到了成年人就喊一声“叔叔阿姨”或“爷爷奶奶”，然后向这些路人靠近，也可以看看周围有没有本班或本校的同学，如果有的话，无论熟悉与否，尽快与这些同学走到一起，这样就可以打消陌生人的不良企图。走路的时候，最好走与机动车逆向的人行道，尽量靠里面走，防止不法分子利用摩托车、小轿车绑架或抢夺财物。

如果被陌生人搭讪并产生肢体接触甚至强行拉扯，尽量不要与对方发生争执，而是要第一时间跑向人群聚集的地方，如果逃脱不了，就大声呼救，寻求周围人的帮助。有的不法分子会以“我们是熟人”“这是我女儿”“孩子不听话”等理由搪塞周围人。这时候，要求助周围人帮忙报警，心中有鬼的陌生人听到“报警”二字通常会迅速逃离。同时，我们还要学会保护自己的身体，不要让陌生人触摸自己的隐私部位，有一种自我防卫的意识。

除了在现实生活中遇到陌生人搭讪，我们还会遇到网络陌生人通过QQ、微信等聊天工具进行搭讪，对于这种情况，我们不要去理睬他，更不能泄露自己和家人的隐私，如果他还是纠缠不休，可以把他拉入黑名单。

总之，面对陌生人的搭讪，我们要灵活应对，千万不要被陌生人的谎言和诱惑欺骗，要保护自己不受伤害。

不要把自己的行李物品交给陌生人看管

菲菲上初中一年级，由于是第一次离家住校，所以第一个月带的东西很多，有一些东西根本就用不到，周末放假的时候，她打算把那些不用的东西带回家，便收拾了一个行李箱和一个背包。

在公交车站等车的时候，一个拎着行李包的阿姨走到菲菲面前，对她说："姑娘，能不能帮我看一下东西，我想去趟厕所，马上就回来。"

菲菲没多想就一口答应了，而且当时她也正想着让别人帮忙看管一下行李，去超市买瓶水喝。等阿姨回来后，菲菲便说出了请对方看管一下行李的想法，阿姨自然也答应了。

然而，当菲菲从超市走出来的时候却傻了眼，阿姨和行李不翼而飞了。在她的行李中，有手机、学生证和600元现金。

那位阿姨请菲菲帮忙看管行李，其实是在博取菲菲的信任，只是一种伎俩，目的是骗取她的钱财。而菲菲因为帮助阿姨看管了行李，所以便顺理成章地请阿姨同样看管一下行李，结果没想到行李被偷了。

一般说来，当我们因携带的行李物品过多而不得不向陌生人求助时，都会向阿姨或老年人寻求帮助，因为总觉得他们不会有什么不良企图。殊不知，如今很多骗子并非那种传统形象了，不是一眼就能看出来的，很多骗子都是不易引起人们防备的、长相憨厚的妇女和老年人。

我们出门在外，一定要警惕这种先博取信任然后再施骗的伎俩，要看管好随身携带的行李物品，并把行李物品放在自己的视线范围之内，即使因为行李多而带来了不便，最好也不要把行李物品给那些看起来“热心”的陌生人帮忙看管。要知道，有些人的“热心”可能是别有用心的。

当我们因携带行李物品而不方便做事的时候，可以就近找个超市，每个超市都有存包处、储物柜，可以暂时把行李物品存放在那里，待办完事再来取。如果只是为了上个厕所，不妨把行李交给公厕的管理员帮忙看管。但是，不管是把行李物品交给谁看管，都记得把贵重物品，如手机、钱包、银行卡、身份证等，放在贴身的小包或衣服兜里。

还有，为了避免因行李太多而造成麻烦，我们外出的时候，尽量要精减随身携带的行李物品，行李箱或包裹要简单实用，千万不要大包小包好几个，尽量把行李物品收拾到一两个包内，这样携带起来比较方便。

我们在乘坐大巴车或火车的时候，如果实在有太多东西要拿，最好让大人帮忙送到车上，也可以选择托运。在车上，行李物品要放在自己视线看得到的地方，每次到站的时候要检查一下自己的行李物品还在不在，以防被人错拿或丢失。在快到站的时候，要提前把行李物品收拾好，下车的时候要仔细检查是否有遗漏的物品。

有的陌生人看我们拎的东西多，就会主动提出要帮我们拿，这时候，我们要怎样去应对呢？

有一个女孩就遇到了这样的事情，由于她带的行李比较多，在上车的时候就显得很吃力，正好一个20来岁的小伙子主动提出帮忙，她没多想，就交给了对方两个包，然而就是短短的那么一两分钟，小伙子和包就不见了踪影。

所以，对于陌生人主动提出的帮忙，我们要谨慎对待，不要随便将贵重物品交给陌生人看管，如果需要求助于人，就及时向警察、乘务员寻求帮助。

◆ 第6章 ◆

保护好自己，踏对青春的脚步

走过懵懂的季节,我们迎来了生命中最美好的季节——青春期。都说青春期的女孩是最美的,就像一株带着露水的欲开的玫瑰,既美丽,又娇嫩。为了让这朵生命的花朵开得最美,我们首先要学会保护自己。

不要把青春期的“友情”当成“爱情”

圆圆和小航是邻居，从小一起长大，是非常好的朋友。不仅如此，他们两家人就像一家人一样，无论是过节还是孩子们过生日，总是会在一起庆祝。

圆圆和小航从小玩到大，幼儿园和小学都是在一起上的，升入初中还被分到了同一个班，这可把他们乐坏了。可是，他们也有烦恼。小时候在一起玩儿没什么，可是自从上了初中以后，他们总会听到同学们有意无意地开玩笑，说他俩就像一对小情侣。每次听到这话，圆圆都会气得上前和同学反驳，倒是小航还淡定一些，他总是劝圆圆：“你别听他们瞎说，他们太爱闹了，逗你玩儿的！”

可是不只男生这样说，有时女生也会这样跟圆圆开玩笑，这回，圆圆再也坐不住了。她不明白，为什么好朋友在一起玩儿就是小情侣？他们说出这样的话，难道不脸红吗？虽然自己心里就拿小航当哥哥，但是听到他们都这样说，自己还是感觉怪怪的。

她都忍不住想问问妈妈了，到底她和小航真的是同学们口中的情侣吗？可是她又不好意思问，这多难为情啊！不过，这件事确实很困扰她，同学们的玩笑已经让她感觉不自在了。那天小航在看书的时候，她偷偷地打量着小航，小航确实长大了啊！已经不再是以前那个任由自己欺负的小鼻涕虫了！

小航发现圆圆在偷看自己，奇怪地问：“你在干吗？”圆圆的脸唰一下就红了。唉！看来，这个问题还真得咨询一下妈妈了。

是友情还是爱情？很多女孩对这个问题都“傻傻”地分不清，特别是对那些身边恰巧有很多异性好友的女孩来说，这个界限更是难以分清。

很多女孩性格开朗大方，很有男孩缘，和很多男孩都是好朋友，可是，当她们有一天突然被人误解的时候，心里难免会有些疑惑，就像故事中的圆圆一样。

那么，我们首先要从自己心里分清，什么是爱情，什么是友情。然后才能更加坦然地与异性朋友相处，而不至于太尴尬。

首先，先了解“友谊”的定义。

友谊，在词典上的解释为“朋友间的交情”。它是一种有相同兴趣、爱好或者性格相似的人的一种彼此关心、相互帮助的感情，是一种情感依赖，是在彼此心里相容基础上形成的两人或者几人之间强烈而深沉的感情。它不分男女，也没有范围和年龄的限制。

其次，要了解友谊的显著特点。

友谊的最显著特点是不排斥他人，所以，可以是两人，也可以是三五人或更多的人形成的朋友关系。友谊是多元化的，可以是长期的，也可以是短期的。例如，小学和中学时代结束了，但小学和中学时期的友谊还可以继续，当然，也可以结束。

再次，爱情与友谊不同。

了解了友谊的定义和特点，我们可以明显地看出，友情和爱情是不同的。

爱情是两个人之间的事情，是两性之间在体貌上互相吸引，在精神上产生共鸣，要求两人在文化层次、教养水平、人生目标、价值观及生活方式、审美情趣和兴趣爱好等方面都具有相当的一致性。

在爱情的世界里，是明显具有排他性的，是容不下其他人的。相爱的双方要求对方感情执着、专一，同时与多人保持爱情关系是被视为不道德的。实际上，与多人同时共有爱情的完整内容，也是不可能的。拥有爱情的人，都希望爱情可以天长地久，这样看来，友谊和爱情的界限就很明显了。

青春期的男女在友谊之中，可能含有互相倾慕依恋的成分。特别是女孩，情感比较细腻，通常会把对朋友的依恋当作爱情。所以，我们要更好地了解友情与爱情的不同，这样才能更好地在与异性交往的时候把握好分寸。

最后，不要受到周围人的误导。

当我们与男孩的友情被别人误会时，不要太过压抑不安，只要自己心里知道分寸，保持和异性交往的度就好了。

所以，我们在与男孩相处的过程中，要保持落落大方的姿态，不要忸怩作态。千万不要受到别人的误导而真的认为自己和异性朋友就是恋人关系，这样会给自己的异性朋友带来很大的压力，可能一段很珍贵的友谊就不能继续维持下去了。当然，也不要为了别人的话，就故意疏远朋友，这样也会让朋友伤心难过。

对于我们来说，既不要因为害怕风言风语而远离异性朋友，也不要为了迎合别人而故作姿态，只要是大大方方地和异性朋友正常交往，就一定能获得别人的尊重，赢得属于自己的友谊。

与同学陷入情感旋涡——青涩的果子不要摘

菲菲上高一，是个文静、美丽的女孩。她拥有大大的眼睛、白白的皮肤，同学们都说，不管什么衣服穿在菲菲身上都好看，每次同学们这样说，菲菲总是不好意思地低下头，嘴里不承认，心里却美极了。

蒋超也上高一，自从上次在郊游中遇到菲菲之后，就一直觉得自己像着了“魔”，脑子里总会浮现菲菲的一颦一笑。

郊游时，菲菲不小心扭伤了脚，被高大的蒋超遇到，在他的帮助下，接下来的郊游才不那么扫兴。蒋超不仅帮助搀扶行动不方便的菲菲走路，还替她背着行李。

在蒋超的心里，他甚至还有点感激“老天”给他的这次机会，要不是这样，他和菲菲也不可能成为好朋友。其实，在郊游那天，菲菲就被蒋超感动了，觉得他非常细心，就像个大哥哥一样照顾自己，还讲笑话逗自己开心，要不是他，那次郊游一定会是个沮丧的回忆。

郊游过后，两人成了好朋友，虽然不是一个班，但总会聚在一起聊天，有时还会三五成群地在一起聚餐。

但是，就连他们的好朋友也看出了不一样的情愫。无论是多少人在一起的场合，他俩的目光总是离不开对方，即使他们不坐在一起，也看得出他俩眼神中的“浓情蜜意”。

好朋友提醒过菲菲，菲菲却出乎意料地很明确地告诉好朋友，自己真的喜欢蒋超，和他在一起感觉很快乐。

很快，他们就不满足于集体聚会了，他们总是寻找各种机会在一起。有时上课的时候，他们会偷偷拿出手机来发信息，虽然学校明令禁止学生带手机，可他们还是忍不住冒险。菲菲发呆的次数越来越多了，好朋友说，她的整个心思现在都用在了蒋超身上，和她们聊天的时候三句话不离蒋超。好朋友担心她这样下去会出问题，可是，菲菲却说她的好朋友不懂爱情。她们再劝，菲菲就开始急了。最后，也没有人敢再说什么了。

可是，菲菲的成绩明显开始下降了，课外活动也很少参加，父母发现菲菲最近像变了一个人似的，好朋友也说菲菲最近和她们聊天也比较少了。她的整颗心都扑在了蒋超身上，却不知道，这样下去会是怎样一个结果。

我们有时会看到这样一种女孩，常常和一个异性朋友形影不离而又不愿扩大交往圈子。而当对方不在她的身边就坐立不安，对方的一举一动都牵动着她的神经。她和这个异性有互相吸引的感觉又想着时刻在一起，他们总是寻找一切机会来单独相处。

如果是这样的话，这就已经超出普通朋友间的亲密程度了，就很难以友谊来解释了。就像故事中的菲菲，她和蒋超从一开始的相识，通过接触慢慢走入“相恋”，看起来是那么美好。

可是，一件事情究竟美不美好，也要讲究时间性，就像著名教育家陶行知先生讲的那个故事一样：

陶行知先生注意到他所教的中学生中有人开始谈恋爱，他没有明令禁止，但是，有一天晚上，他约这几个学生谈话。

他手持芭蕉扇，拿凳子给大家坐。他说：“每个人，无论男女，到了一定年龄是要谈恋爱，要过家庭生活。但是，正如树上的果子，是生的好吃，还是熟的好吃？就像是我们这里的杏树，要是没成熟就摘下来好吃吗？”

学生们说：“当然不好吃！又苦又涩的！”

陶先生接着说：“人也像果子，要长得成熟了，有学问、会工作了，又有养活家庭的能力，就好比果子成熟了，那时就可以得到真正的幸福了。要是书没读好，工作能力没培养好，就来谈恋爱，会有好处吗？”

这次谈话给学生们留下了深刻的印象，他们在中学期间再也没有谈恋爱。

同样的事情，在不同时期做，就有不同的意义。每个人生下来的每个阶段都有他独特的任务，如果我们在这个时间段做了不该在这个时间做的事情，就相当于把青涩的果子硬生生地从树上摘下来吃，不仅让果子失去了成熟的机会，自己也得不到甜头。

这个道理用在现在的男孩女孩身上非常贴切。现在的我们，无论从年龄、阅历、知识、成熟性方面，还是人生的精神和物质的准备方面，都不具备爱情所需要你投入的资本和承担的责任。

这时的感情往往存在很多身不由己的情绪，有时候自己陷入一种境地里都不知是该进还是该退。如果此时不能做出正确的选择，那么等到深深陷入之后再去抽离，就会更加痛苦。如果我们不明白此时摘下的果子是青涩的，不明白任由这样的感情发展是没有结果的，感情的洪流就有可能冲毁理智的堤坝。等到我们用实践去证明我们只是摘下了青涩的果子，那就已经太晚了。

有个成语叫“覆水难收”，你已经投入的时间和感情，在看不到任何好的结果的情况下，带给我们的只有懊恼和悔恨。如果我们纯真的感情以这种结局来结尾，还不如在一开始感情萌动的时候，就主动地控制局面，去疏导这种情绪，让它朝有利于自己成长的那一面去生长。等到将来我们收获成熟果子的时候，一定会感谢自己当年把甜美的果子留到成熟时再享用。

把纯真的情感埋在心底，“早恋”不等于爱情

小凡和佳明从上小学开始就是同学。小凡是一个活泼可爱的女孩，佳明有点内向，但是特别聪明，成绩特别好。上小学的时候，个头不矮的小凡坐在靠近最后的位置，而个头偏矮的佳明则总是坐在第一排。

第一排的学生总是比后面的学生能更多地得到老师的关注，尤其是像佳明这么优秀的学生更是这样。相反，活泼好动的小凡却总是让老师感到头疼。在班里组建“结对子”互帮互助学习小组时，佳明和小凡被分到一组，佳明负责帮助小凡学习。

一开始，佳明就很不乐意，自己早就看这个有点太闹的女孩不顺眼了，学习不认真不说，还总是叽叽喳喳，吵得自己头都疼了。不过老师安排的差事，佳明也没办法抗拒。小凡想得就简单多了，而且还特别得意，班里的“大才子”都来帮助自己学习，那么，这回自己的功课可有救了。

整个小学时期，佳明和小凡虽然吵吵闹闹，但是佳明确实帮助了小凡不少，小凡的成绩提高了很多，佳明也变得比以前开朗活泼了，有时还主动和小凡开几句玩笑。

小学很快结束了，没想到，小凡和佳明考进了同一所初中，还碰巧被分到同一个班。这让两人兴奋不已。上了初中以后，课业比以前繁重了，佳明依旧很优秀，小凡也不差，他们经常在一起学习，渐渐地，小凡心里有了别样的情愫。

上了初中，佳明的个子长得飞快，差不多比小凡高出一头，已经是大

小伙子了，再也不是以前那个坐第一排的小男生了。小凡也越来越有大姑娘的样子了，出落得亭亭玉立。

有时候，她会默默地望着正在学习的佳明出神，等到他发现的时候，会突然红了脸。佳明的样子时时会映入她的脑海，即使写作业的时候，有时也会不自觉地写出佳明的名字。每天她最期待的事情，就是见到佳明。

这一切，佳明也略有感觉，但是，他好像很羞涩，在和小凡说话的时候，偶尔会紧张得脸红，心跳也会加快。

最近，他们听说，班里的两个男女同学早恋了！这可是惊天大新闻，小凡有意无意地想和佳明谈谈这个问题，却羞涩得总也不知道怎么开口。她心想："难道，这就是恋爱的感觉吗？我到底应该怎么办呢？"

情感需要，特别是对于处于青春期的男孩女孩来说，是最重要的心理内容之一。它能愉悦心情、装点生活，使多彩的青春更增添一些梦幻的神韵。然而，如果把握不好这个度，错误地理解爱情，也许就会过早地品尝不该品尝的味道，那么，这个时期更重要的事情，就会被我们所忽略，等我们再回过头想找回这段时光，就不可能了。

就像故事中的小凡和佳明，两人可以算是两小无猜，这种朦胧的情感在两人心中产生，是非常正常的事情，这种情窦初开的感觉是我们成长的标志，是最纯真的感情。如果可以维持在这样的水平，就可以促进我们成长。

如果此时能得到父母、师长的引导，那么我们将在这个特殊的阶段学习怎样去对待一份纯真的感情，怎样利用这样的情感来提升自己的学业水平，让自己变得更加有智慧，我们也会在这场学习中，懂得什么是真正的爱，以及怎样成为一个足够优秀的、值得被爱的人，也会明白这种朦胧的感情还不能被称作"爱情"。

爱情是一对男女基于一定基础上的共同的人生理想，除了有对对方最真挚的爱慕，还渴望对方能成为自己一生的伴侣。对于正在成长的我们来说，谈论这样的问题可能为时尚早。因为爱情不仅仅是两情相悦，还意味着一种责任在里面，如果恋爱的双方没有责任感，那么，爱情也就失去了真正的意义。

在应该用尽全力去吸收知识、提升智慧的时候，如果我们把过多的精力花在浓情蜜意、耳鬓厮磨上，势必会影响我们的进步与成长。如果我们沉迷于其中，任由这种感情升温而不去管理的话，那么，我们势必会分心，而我们的学业就会被耽误。

特别值得一提的是，有很多女孩感情非常丰富，可能会因为某一个原因，比如一个男孩的长相比较酷似自己的偶像而喜欢上他，或者是因为他打篮球的姿势比较帅气，等等。这种感情在每日的幻想中得到强化，有时甚至男孩并不知情，而女孩自己却认为自己恋爱了，以为这就是爱情。

其实，仔细想来，这种感情出现的基础是非常薄弱的，如果是单恋，那么就更会伤神。这种感情只是女孩感情的萌动，我们要相信，随着我们对自我的完善与提升，随着我们年龄的增长，我们各方面都会有很大的进步，我们的审美也会随之改变。

到那时你也许就会发现，自己当年暗恋或者恋爱过的“傻小子”是那么普通，你也许会质疑自己的眼光。不过，尽管如此，在青春的岁月中，我们有一个纯纯的感情萌动期，有那么一个人来寄托我们的感情，都是一件很美好又再正常不过的事情了。但是，我们一定要认清，这种情形还不能被称为爱情，这只是感情的萌动。

当感情萌动时，我们要学习怎样管理它，我们学习的这个过程，会在日后的某一天派上用场，你在青春时锻炼的爱的能力，会让你在将来的爱情之路上少走弯路。

不要轻易“献出”自己的初吻

小曼在杭州市一所高中上高一，在同学们眼中，小曼非常神秘，因为她不太爱和班里的同学交往。据说她的父母都在国外，她从小跟着爷爷奶奶生活，她的父母难得回来一次，每次回来住不了几日就会匆匆离开，据说她和自己的父母感情特别淡。

也许是从小父母不在身边的缘故，小曼从小性格非常孤僻，但是，从小她就有一个很好的朋友向航。不过，自打上了高中以后，他们就私自确定了恋爱关系，因为向航不是本校的学生，所以，同学们对他都不了解，只是听说他俩好得不得了。

每次放学的时候，向航都在门口等着小曼，然后再把小曼送回家。小曼对向航除了爱慕还有很强的依恋，她分不清她对他到底是爱还是亲人的感觉。但是，当向航提出要和她做男女朋友时，她几乎没怎么想就答应了，她只是觉得自己离不开他。

一天放学后，向航照常来接小曼回家，但是他们没有直接回去，而是去公园。俩人坐在长椅上聊天，向航突然把脸靠了过来，小曼有些许惊慌，她想：“他要干什么？难道想要吻我吗？这是我的初吻啊！”突然，她用手挡在了自己胸前，推开了向航……她低着头说：“对不起，我还没有准备好。”然后落荒而逃。

接吻是一种古老而风行的示爱方式，也是一种甜蜜的享受，它能给人一种爱情的美感，让人能体会到爱情的甜蜜滋味。而初吻，意义就更加非凡。

无论何时，当我们回忆起初吻的味道，那一定是甜美而青涩的，有人说，世界上最美的吻一定来自于初吻，因为它是一种不可复制的、难以替代的回忆。

所以，对于女孩来说，就更应该珍惜初吻。不只是因为它有特别的意义，是难忘的回忆，更重要的是，在初吻之后，会让感情升温。可是对于女孩来说，感情升温对于她意味着什么呢？她能冷静面对吗？我们应该怎样面对初吻呢？

第一，保持冷静。

当我们面对如同小曼一样的情形时，一定要保持冷静，这是需要我们首先做到的。无论我们对这个男孩有多少好感，无论我们多么“爱”他，此时一定要保持冷静，因为初吻是你们关系进展的第一步，你真的做好准备去迎接它了吗？

第二，把最纯真的爱留给那个最珍贵的人。

初吻的美好不言而喻，而最美好的东西都应该留给那个最珍贵的人。作为正在成长中的女孩，不知你是不是确定，他就是你生命中最值得珍惜的那个人。

很多女孩在上学期间就“爱”得死去活来，可是，一旦稍微长大一些，一旦离开了学校的环境，就会后悔自己当时的决定。

这就说明，我们现在的眼界和审美，可能不足以支撑我们长久的爱恋。因此，在我们还没有定型的时期，切勿轻易做出决定。

最纯真的爱、最美好的感情，一定要留给那个最珍贵的人。

第三，防止吻后感情升温。

一般来说，初吻之后，两人的感情就会改变，变得更加亲密。也许你和他只是有好感，也许你们只是很好的朋友，但是，初吻之后，双方的内心一定会发生很大的变化。很多女孩觉得初吻就是一个象征，象征着双方已经确定了关系，结果男孩女孩身心间应该有的那点距离就会缩短甚至消失。更有些女孩，会因为初吻而心跳加速，以至于不能自持，而男孩也会有进一步的动作，结果就会早尝“涩果”而误入歧途。

因此，对于我们来说，一定要有保护自己的意识，既然吻后一般都会“升温”或“过火”，我们何不牢牢把持好这一道防线，把自己好好地保护起来！

和老师“谈恋爱”——最危险的“恋情”

2009年年底，网络上爆出一则新闻，新闻中有一张脸部被打了马赛克的淫秽图片，图片的主角是一个男人和一个看起来很年轻的女孩。

照片中的女孩是一名初中生，她将自己与老师的亲热照片发布在网上，并留有大段文字描述：

我是一个学校的初中生，我的数学老师英俊潇洒，我很喜欢他。

他虽然结婚了，但是对我很好。他说等我够了结婚年龄，就和他老婆离婚，和我结婚，我很开心。现在让大家看看我的老师，比我爸爸还大3岁，我要爱他一辈子。大家祝福我吧。

我家里人知道这事情了，竟然反对我。我和父母吵了一架后，就离家出走了。以后我再也不回家了，我相信老师一定会娶我。这是我们的亲密照。嗯，祝福我们吧。

看到这样的文字和不堪入目的图片，大家都震惊了。有人说这个女孩真的太傻，为了一个比自己大这么多的人去作践自己，真不知道脑子是怎么想的；有人说女孩太小做出傻事可以原谅，但是这个老师实在玷污了老师的称号，也辜负了学生与家长的信任；还有人说，这么明目张胆地贴出照片，该不会是恶作剧和炒作吧？一时间网络上的议论四起……

说起师生恋，大家并不陌生。师生恋源于学生对老师的幻想、崇拜和喜爱。处于青春期的女孩涉世未深，阅历尚浅，能够频繁接触的异性，除了自己的亲人和同学以外，就是自己的老师了。

一个年轻、出色的男老师，比其他人更容易，也更可能成为学生所崇拜和爱慕的对象。成熟的男老师身上所散发的那种气质，绝对不是与女孩同龄的男生身上所具有的。而青春期的女孩们，内心常常感到孤独和无助，老师的关爱容易让她们产生依赖，并产生异样的情愫。

如果一个女孩把自己的老师当作依恋的对象，那么，这名老师的一言一行、一颦一笑，都可能被当成一种传递爱的信息。在女孩的心中，就能激起层层涟漪，使人想入非非。很多女孩往往也能意识到自己不该如此，却难以控制住自己的思想、感情和行为。

从上面的故事中就可以看出，任何没有伦理的、以放任自流为基础的“爱恋”，都会走入歧途。那么，“师生恋”为什么不能“碰”呢？可以从以下几个角度分析。

第一，师生恋具有盲目性与暂时性。

青春期的女孩想独立，但是，羽翼又不够丰满，无法摆脱对父母的依赖。所以，在性意识觉醒时，她们常常把这种依恋转移到某些异性成年人的身上。这种感情，几乎在每个人的青春期都有过不同程度的体验。

在学校里，成熟的男老师往往成为女孩崇拜和依恋的对象。由于女孩的社会经验不足，视野狭窄，思想感情还未成熟和定型，所以她们对男老师的评价也很难做到客观和全面，因此这种崇拜和爱恋就带有很大的盲目性。

本质上说，你眼中的他也许不是真实的他，你只是爱上了一个你头脑中虚构的人物而已。而随着性心理的发展，女孩们爱恋的对象势必由年长者转变为同龄人，而你也越来越有机会去了解自己真正需要的人是什么样的。

当我们渐渐趋于成熟时，再回头看我们当时“苦恋”的人，也许就会得出与当时非常不一致的评价。所以，这种感情由于缺乏实在的基础，虽然“来势汹汹”却很难持久。

第二，师生恋影响学业，导致学业荒废。

陷入“情网”的女孩心中很清楚，这种恋情是为社会习俗、道德所不容，为父母所不容的，所以，绝大多数人选择把感情深埋在心里，没有勇气去表达。可是，表面上若无其事，内心却汹涌澎湃，对方的一举一动都会牵扯着自己的心。或者，有的女孩会像故事中的女孩一样，选择去放任自己的情感，那么这种情感带来的危害就会更大。

一个很有发展前途的女孩，可能会由于内心的压力与周围人的眼光而受到挫折，由于沉溺于感情而“不闻世事”，再也无心追求学业，使学习荒废，甚至辍学。如果这样，那受到伤害的不仅仅是我们的感情，还有我们的未来。

第三，如果老师有家室，不光彩的“第三者”角色令人难堪。

如果你爱恋的男老师有了家室，你的行为还会遭到各方的谴责，甚至老师妻子的怨恨。这些压力，是单纯的女孩可以承受得了的吗？我们还是不要蹚这个“浑水”，洁身自好的好。

师生之间的情谊因为很真诚、纯洁，所以很美，很动人。所以，女孩，如果你的心灵深处也产生了对老师的崇敬、倾慕，那么，请你一定要珍惜，不要用非分的欲念、行为去玷污。一旦师生情谊变为师生恋或越轨行为，就失去了它的美好与纯洁，就有伤害性了。

我们要把它控制在一个合理、健康的范围内，要正视这样的感情，这样才能有利于我们成长，才能在日后想起这段时光时可以会心一笑，而不是懊悔连连。

所谓的“爱情”不需要性关系来证明

2013年4月，安徽省宿州市一所中学内师生都在议论一件事情：这所中学小有“名气”的高二学生方某，因为涉嫌强奸被警方逮捕，而这个案件的受害者小玉则由于受到惊吓精神出现异常，在医院接受治疗。

据说，当时报案的是小玉的一个好友，而了解内情的人都知道，方某和小玉是“情侣”关系。那么，这件事情是怎样发生的呢?

那要从方某说起，方某之所以出名，是因为他素来霸道，据说，他和社会上的无业人员来往密切，还认了一个“黑道大哥”为老大，从那以后，他在学校中更加有恃无恐了。而小玉对方某十分崇拜，在这种无知的仰慕之下，她做了他的“女朋友”。

从那以后，小玉就更加神气了，在朋友们中间像有了撑腰的人，说话也像“大姐大”一般对他人吆来喝去。可是好景不长，小玉的朋友后来向警方提起，小玉多次和自己谈到，她有些害怕，因为方某告诉她，要是真的爱他，就应该奉献自己，否则就不是真爱。

小玉对方某这方面的要求感觉有些恐惧，她是由于崇拜方某的霸道而“爱”上他的，可是，要真的对他“奉献”自己，她却感到不能接受。令她没想到的是，她的抗拒好像触怒了方某，近来，方某这样的要求越来越多了，有时，小玉感到有些被威胁的味道。她“爱”他，但是，她不明白为什么爱就要这样去付出，她对方某的话半信半疑，并为自己的处境感到担忧。

终于有一天，意外还是发生了，在最后的时候，她最好的朋友及时赶到，这才避免了一场悲剧。最终，方某由于涉嫌强奸被警方控制，但是，小玉却由于受到惊吓而住进了医院……

当女孩心怀期待地与一个男孩建立恋爱关系的时候，心中必定装满了男孩的好，自己的心也是预备着随时为了男孩而改变，并且会时刻听从男孩的召唤。

可是，就是这个时刻，是每个女孩最应该保持清醒的时候。我们要知道，爱是每个人都渴望的，当我们爱着一个人的时候，总希望用亲密的行为来证明和表达。但是，你要思考一下，你现在有能力去承担这样的责任吗？你知道这样做的后果吗？你对自己是负责任的吗？

当一个男孩对你说，他对你的爱很多，需要得到你的回应，而这种回应就是需要你奉献你的身体。当你听到这样的话的时候，一定要多问自己几个为什么，切不可被一时的激动情绪冲昏了头脑，当你轻易地就付出了自己最珍贵的东西时，再想恢复贞洁就是不可能的事情了。一个女孩最珍贵的东西已经被拱手送出，这是多么糊涂！

为了更好地保护自己，我们女孩一定要明白：

第一，女孩要把最深情与最圣洁的爱给你的“真命天子”。

在现代社会，也许有人会说，婚前性行为是正常的，也许，有些“开放”的女孩，在很小的年纪就偷尝了“禁果”。但是，她们不知道这样做的危害。她们随随便便就把自己最应该呵护珍惜的贞洁送出，在没有遇到最值得珍惜的人的时候，就让自己的心灵和身体布满了“疮痍”，等到真的需要她去付出真情时，又会说，自己已经不知道怎样去爱了。

想想就知道，这是怎样一种滋味。

在社会的洪流中，我们可以去追赶潮流，但是我们起码要有明辨是非的能力。流行的就是好的吗？就是对的吗？无论时代如何变迁，是非的标准不会更改，女孩的贞洁与廉耻之心一定要有，越是在这样的时代，我们越应该有信心去把持住自己的道德底线，越界的事情丝毫不能做。

第二，在一段“随性”的激情中，受伤害最大的必定是女孩。

在无数的事例中，我们都可以看到，在一段“激情”关系中，受伤害最深的都是女孩。无论是从女孩的生理角度或者心理角度来说，女孩都是脆弱的需要被保护的一方。而一个珍惜你的男孩，是不会冒着伤害你的危险去做伤害你身体和心灵的事的。

我们在医院中可以看到，有多少未成年少女去做损害身体的堕胎手术。这种手术的后果可能是终身不孕。在妇产科的病房中，又有多少未成年少女由于无知而感染妇科疾病，同样导致不孕以及留下终身的疾患。这是多么令人痛心的一幕。

更令人感到难过的是，好多女孩无知和麻木的双眼与心灵。她们在自己身体受到这么大伤害的时候，还认为自己的付出是值得的，只要自己的男友开心，比什么都重要。试问，你的父母生养你的辛劳是否还记得？如果他们知道此刻你正为了一个在你未来生活中可能跟你没有丝毫关系的人在流血，他们会作何感受？

为了最爱我们的人，女孩一定要懂得珍惜自己。

第三，建立在欲望上的爱情，必然会因为欲望的消失而逝去。

事实往往是这样的，一段建立在欲望上的爱情，必然会因为欲望的消失而逝去。如果一个男孩不顾你的感受和身体强迫你和他发生关系，那么，他必然不是真的爱你，他只是想在你身上发泄他的欲望。

而你看重的爱情，也必然随着他欲望的消失或转移他处而逝去。到那时，只能欲哭无泪了。所以，女孩一定要警惕这样的情感，一旦遇到这样的男孩，立马离他远去，这种只有欲而没有爱的感情，是危险的感情。

自爱自重，不允许任何人亲密接触和抚摸你的身体

欣欣是16岁的大姑娘了，可是由于胆小，一直没有学会滑冰。那天，她在好朋友晓云的邀请之下，来到了滑冰场。

滑冰场里的人很多，欣欣始终不能鼓起勇气穿上滑冰鞋。晓云鼓励她说："你都这么大了，还不会滑冰，等着高中毕业你再想学我可不教你了。"说完，晓云潇洒地转了一个圈滑走了。看着晓云潇洒的身姿，欣欣鼓起了勇气，穿上了滑冰鞋，踉踉跄跄进了冰场。

欣欣扶着冰场边的栏杆小心地挪动着，晓云也在旁边鼓励她，并告诉她一些技巧，不一会儿，她就可以松开手独自滑行了。她尽量选择人少的边上滑行，速度也很慢。

滑了一会儿，晓云有事要先离开，离开前嘱咐欣欣一定要小心，欣欣笑着说："放心吧，我又不是小孩子了。"

欣欣望着远去的晓云，舒了一口气，继续"龟速"滑行。可是，由于是新手，她滑行的方向有些不受控制，一不小心她滑到了人群中间。人群中都是滑行的高手，她紧张极了，一不小心摔了个四脚朝天，还不小心绊倒了一个男士。那位男士摔倒后对着欣欣骂骂咧咧：不会滑还不去边上，跑里面凑什么热闹！

正当欣欣不知所措的时候，身边一个优雅滑行的身影停了下来，是一个比欣欣大不了多少的男孩。男孩长相英俊，他伸出手扶起欣欣，还轻柔地询问欣欣有没有受伤。欣欣的脸一下子红了，嘴里一边说着谢谢，一边

往边上挪动。

男孩说：“你不用怕，我带着你，你很快就能学会。”欣欣惊讶地看着他，也不知自己怎么想的，鬼使神差地跟着男孩来到了滑冰场中央。男孩的滑冰技术真的很好，他带着欣欣滑了两圈，欣欣惊喜地发现，自己现在也能“飞”起来了。

正当欣欣沉浸在滑冰的乐趣中时，她发现男孩竟然从身后用手环过了自己的腰，还把头埋在了自己的头发中。她僵住了，但是瞬间又被这种突如其来的“幸福”环绕，没有反抗。她心里想：“我这算让人占便宜了吗？可他那么帅！怎么会突然来占我便宜，一定是他喜欢我。”

这样想着，她就更陶醉了，在高速的旋转和滑行中，她本来就有点晕，这下更晕了。帅哥的手越来越不老实，一会儿抓住欣欣的手，一会儿抚摸她的腰，有那么几次，他试探着要去触摸欣欣的胸部……

正在这时，晓云出现在了滑冰场上，她不放心欣欣特意赶过来看看。刚进场就看到这一幕，她目瞪口呆地看着他们，突然大叫一声：“欣欣！你在干吗呢？”这一声如同惊雷，不仅把欣欣震到了，也把场上的人都震到了。

欣欣“啊”大叫一声，一下子摔倒在地，清醒了过来……

故事中的欣欣本来是个胆小的女孩，但是，在特定的环境中遇到了一个特别的“帅哥”，情形就立马变得不一样了。要不是好朋友晓云及时赶到，被“爱意”冲昏了头脑的欣欣，还不知道会在“帅哥”的诱导下，做出什么样的事情来呢。

欣欣是个单纯的女孩，涉世未深，这才导致自己受到男孩的诱导，丧失了原则，让男孩随意侮辱自己。

作为女孩，我们与人交往要有基本的原则，那就是一定要自爱自重，只有自爱自重之人才能得到别人的尊重，我们不允许任何人有机会亲密接触、抚摸自己的身体。这个原则从小就要遵守，它可以保护我们不会受到别有用心之徒的伤害，保护我们的身心安全。

也许有人会说，又不是接吻和真的发生关系，只是亲密接触一下、抚摸一下身体，这有什么大不了的？其实，这是一种非常无知的说法。如果对方同是青春期的男孩，你有把握当你们亲密接触之后，可以把握好适当的度，不去造作更大的祸端吗？

如果对方是成年人，那么就更加危险。整件事情的进展有可能会完全超出你的预想，是你根本无法控制的。就像故事中的欣欣那样，鬼使神差地就被人占了便宜，自己还沉溺其中无法自拔。

所以，女孩要控制住自己，自重自爱，学会拒绝，这是我们首先要做到的。我们不要让任何人对自己有亲密的动作，更不要让人抚摸自己的身体，对自己的身心一定要好好加以保护，这也是预防堕落的第一道防线。

“身体发肤，受之父母”，我们不可令父母伤心、蒙羞，我们的心灵闪着光如同钻石，我们不能随意奉献出这比金子还珍贵的宝物，让它蒙尘。

女孩要好好爱惜自己，因为你对自己的爱惜会换来周围人加倍的尊重与珍爱。我们要提升自己的价值，让自己的身心都如同珍宝，让见到的人都觉得我们是值得被珍惜的人，那我们越长大价值也就越大，乃至于白发苍苍还能被人称作“有魅力的女士”。

但是，女孩如果选择作践自己去取悦别人，那样只会令自己失去光芒，变得一文不值。究竟要做怎样的人？相信女孩一定会做出明智的选择。

了解身体，警惕各种性骚扰、性侵害

春天到了，班里组织大家去春游。终于等到了这一天，天公也作美，前一天还是雾霾笼罩，这一天就万里无云了，碧蓝的天空像一面蓝色的镜子，偶尔能看到一群燕子相伴飞过，欢快的样子让大家的心情更加舒畅。

班里的“诗人”说：“大家一定要趁着这次踏青活动，好好呼吸几口新鲜口气，今天的天气太好了，正好适合我们抒发一冬天累积的抑郁。”大家哄笑起来，“活宝”小杰说：“大诗人，只有你抑郁吧！我们高兴都还来不及呢！”说完，又是哄堂大笑。

大家开开心心地走向公交车站，班长招呼大家：“都别落下啊！一辆车挤不上去，就等下一辆！我给大家断后！”大家说：“还是班长周到！”

公交车缓缓驶入站台，同学们排队依次上了车，笑笑来得晚几步没挤上第一辆，她和班长以及剩下的几个同学上了第二辆公交车。他们嘻嘻哈哈地说：“第一辆车已经被我们的同学包了！”

第二辆车上就他们几个人，所以，大家相对安静许多。车上人也不少，越往前走上来的人越多，笑笑给一位老奶奶让了座位之后就一直站着。过了几站上来了一个手拿公文包的“斯文”年轻男人，就站在笑笑身后。

车上人越来越多，笑笑明显觉得这个年轻人离自己很近，差不多都贴在自己身上了。笑笑个头不低，她紧紧抓住车上的拉环，尽量往座椅的方向靠，她觉得自己都快趴在老奶奶身上了，可还是感觉得到背后的压力。

一开始，她觉得是人太多了，所以没太在意。可是，她不断地感觉到身后有些异样，年轻人好像故意在背后摩擦她的身体。她惊讶地回头一看，只见年轻人脸色通红，见她看自己不但不躲闪，还用一种近乎挑逗的眼神看着自己，她吓了一跳，顾不得想那么多，赶紧向不远处的班长使了个眼色。

班长愣了一下，随即明白过来，高大的身躯一下子挤了过来，在笑笑身后立定了，又用胳膊在笑笑周围架起了一个“隔离”空间，并瞪了年轻人一眼。年轻人见状，灰溜溜地挤到一边去了。

笑笑舒了一口气，她用感激的眼神看了看班长，班长挺了挺胸膛，站得笔直。快到目的地了，车上的人越来越少，笑笑紧绷的神经也松了下来。下车后，笑笑想感谢班长，却不知怎样说，班长像是知道她要说什么，笑着说：“保护我们班的女同学，是我的责任！”半开玩笑半认真的样子让笑笑压抑的心一下子变得舒展了。

他们没再说什么，不远处先到达的同学们在向他们招手，他们快步走到等待他们的同学们中间，瞬间就被淹没在一片欢声笑语中。笑笑学着“诗人”的样子，试着呼出一口“抑郁”的气息，心情又像出发前的天空一样明亮起来。

性骚扰行为一直在各种场合侵害着女性的身体和心理健康，许多女性在成长过程中都遭受过不同程度、不同方式的性骚扰。

为了避免遭受性骚扰的危害，我们要了解以下几点：

性骚扰的界定及种类。

性骚扰是指以性欲为出发点的骚扰，以带性暗示的言语、动作妨碍受害者行为自由并引发受害者抗拒反应，这是一种不法行为。

性骚扰的方式有很多，广义的性骚扰也并不限于异性间，对象亦不单指女人，同性间亦可构成性骚扰。但是，女性是性骚扰的主要受害者，女孩由于身心都未成熟，极易受到性骚扰的侵害。因此，女孩应了解这方面的知识，并提高警惕。

具体的性骚扰种类大约有以下几种：

（1）身体接触或故意擦撞、紧贴等行为；

（2）故意谈论有关性的话题，询问个人的隐私生活，并对他人进行有关性方面的评价，故意讲述色情笑话、故事等；

（3）在网络聊天或者视频中，发送黄色电子邮件或短信，甚至在聊天时暴露性器官等；

（4）故意吹口哨或发出接吻的声调，身体或手的动作具有性的暗示，并用暧昧的眼光打量人，以及展示与性有关的物件，如色情书刊、海报等。

我们要知道，这些都是违法行为，都属于性骚扰的范畴。女孩遇到以上情形一定及时表明态度，拒绝来自对方的骚扰，并尽快离开是非之地。

容易遭遇性骚扰的场所。

一般来说，公共汽车、地铁等交通工具是性骚扰发生频率最高的地方。因为公共交通工具普遍拥挤，尤其是上下班高峰期，人与人之间的距离几乎为零，为性骚扰者提供了作案的环境。

公共交通工具上最常见的性骚扰方式是用生殖器顶撞或摩擦女性身体，用手摸女性的身体，甚至将手伸入衣服内；另外还有语言骚扰、眼神骚扰等，比如一直用眼睛盯住女性身体的敏感部位。

除了公共交通工具，其他场所如电影院、公园、舞厅、长途卧铺汽车和火车等也是性骚扰的高发场所。

避免性骚扰。

那么，我们应该怎样避免受到性骚扰呢？

第一，不要胆怯，要表明态度。

遇到有人试图非礼的时候，女孩千万不能胆怯、畏惧。对个别动手动脚的非礼行为，要大声喊叫，求助路人，要义正严词地斥责他们，在气势上把他们镇住、吓跑；如果加害者人多势众，就要试图摆脱他们，返回学校求助老师，或者找机会报警。

若遇陌生的男性搭讪，不要理睬，及时避开。要找机会换个位置，可以的话立刻抽身离开。最重要的是，女孩在受到骚扰后就要立即表明拒绝态度，不作声会让对方以为你接受他的这种行为。

第二，穿着得体的服装，不去是非之地。

在现实生活中，有的女孩衣着过于暴露，行为轻浮；有的女孩喜欢听恭维、赞美的话，容易对英俊、有钱人士一见钟情，或者刻意卖弄自己的青春魅力；等等。这类女孩很容易“招蜂引蝶”，并最终成为性骚扰的目标。如果女孩能够自尊自爱，就能够规避这一风险，避免使自己陷入性骚扰的困境。

一些人员稀少、灯光昏暗的地方，一些“斗闹场”，都是性骚扰的高发区，女孩不要去这些危险的场所，要降低自己受到骚扰的概率。

第三，行为端正，光明正大。

女孩一定要行为端正。不仅要在衣着上保持大方得体，而且在思想上也不要有贪小便宜的念头，不要轻易接受异性的邀请，也不要随便接受别人的馈赠，不靠色相来获取利益，并时刻注意自身的形象，言语行为端正不轻佻，这样歹人自然就会远离自己。

第四，用智慧和法律途径保护自己。

女孩对一些行为不端男性的骚扰要有警惕心，一旦发现有异常，要采取各种措施保护自己。必要时，女孩应该主动向公安机关报案，依法制裁违法犯罪行为。法律中对于性骚扰的处罚有明文规定，女孩一定要学会用法律的武器保护自己。

如果发生了，要把伤害降到最低

15岁的小颖应大姨的邀请去她家过暑假，小颖兴奋极了，自从上初中以来，由于课业繁重，她再也没有去过大姨家过暑假了。

想想小时候，小颖最喜欢缠着表哥冯刚，冯刚去哪，小颖就跟去哪，大姨总让他带着妹妹玩，冯刚那时候总是不愿意，一个妹妹总跟在自己屁股后面，碍手碍脚，玩什么都玩不痛快，还总被小伙伴们嘲笑。

在冯刚看来，那是多么“痛苦”的回忆，不过，小颖每次说起来，都觉得好玩极了，想起表哥窘迫的样子，就觉得好笑。

这是她近三年来第一次去大姨家过暑假，加上升入高中后课业繁重，小颖决定痛痛快快地玩一场。

但是，没想到，这个原本轻松的暑假，却给小颖留下了痛苦的回忆。这一切都源于小颖的表哥冯刚。

冯刚比小颖大几岁，高中毕业之后不想继续读书，就在县城找了个工作。冯刚本质不坏，但是有些好高骛远，工作不是很努力，还交了一些社会上的狐朋狗友。

小颖出于对表哥小时候的感情，这次去大姨家，也时常跟着表哥一起出去玩。这次，表哥不再排斥小颖了。

15岁的小颖已经出落成一个大姑娘了，亭亭玉立很招人喜欢。表哥的那些朋友见到小颖眼睛里都能放出光来，冯刚觉察到了这一切，但是碍于面子，每次还是带着小颖出去。

大姨见冯刚这么照顾妹妹，心里也很高兴，只是嘱咐他出门要好好看着点妹妹，也没说别的。小颖单纯可爱，也没想那么多，可是，冯刚的朋友们却打起了小颖的主意。他们知道这事儿如果告诉冯刚，他一定不能同意，他们决定瞒着他干一件大事。

在一个精心策划好的下午，冯刚的朋友们支开了冯刚后，开始对小颖动手动脚。在紧急之际，有所察觉的冯刚赶了回来，见到他的“朋友”们正在试图对自己的妹妹动手动脚，他头脑一激灵，抄起了手边的凳子就朝着那些人砸去。

有人来不及躲闪，当场脑袋就被砸出了血，就在他们手忙脚乱的时候，冯刚拉起快要崩溃的小颖逃一般地跑回了家。小颖回到家，抱着大姨就开始放声大哭，大姨知道事情的原委后自责不已，她报警之后便开始痛打冯刚，冯刚知道自己这次真的错了也不躲闪，他不知道以后再怎样去面对妹妹，只是自己的那群“好朋友”，这回算是跟他们一刀两断了。

在这个故事中，小颖是幸运的，幸亏哥哥冯刚察觉事情不对及时赶回来，要不然后果不堪设想。回想这件事情的发生，大姨和表哥都是有责任的，他们是成年人，原本可以预见事件的发生，却没有这样的敏感度，等到事情发生了再去后悔，已经来不及了。这件事对小颖的伤害是显而易见的。

在很多时候，有些女孩并没有小颖那般幸运，她们在本该天真烂漫的年龄承受了生命中难以承受的痛苦。但是，事情发生了，我们就要去找一个合适的方式来把伤害降到最低，我们应该如何去做呢？

第一，留下证据，第一时间寻求老师和父母的帮助。

如果难以启齿的事情真的发生了，首先要留下证据，不要急于清洗身体或者整理现场，先去寻求老师以及父母的帮助。

不要慌了手脚，也不要对老师和父母隐瞒真相，他们是我们最值得信赖的人。在这样的时刻，他们会坚定地站在我们身边，积极地帮我们寻求解决问题的办法。

第二，如果无法接受现实，找值得信任的人开解自己。

如果在事情过后，依然觉得难以接受这个现实，或者觉得自己的生活已经完全变了样，没有勇气再生活下去，那么，请一定要找值得信任的人开导自己。

这个人或是老师或是父母或者是自己一直尊敬的长辈，找他们聊一聊，他们会帮你走出阴霾，重新找到自己的。

另外，还可以找心理医生，去寻求专业的帮助。

第三，去医院寻求帮助。

除了心灵上的重创，身体上的伤害同样让人痛苦万分。此时，我们要在父母的陪同下去医院寻求医生的帮助，积极接受医生的治疗，才能重新获得健康。

我们要在医生的指导下采取一些必要的措施，来弥补自身受到的伤害，防止让更大的伤害产生。千万不要讳疾忌医，以防止身体状况进一步恶化，隐瞒病情的结果只会造成更大的伤害。

第四，尽量不要把负面消息扩张，以防受到二次伤害。

在寻求帮助的同时，我们一定不要把事情声张，这件事情知道的范围越小，越可以减小事情对我们的二次伤害。

虽然我们要坚强而勇敢地面对这件事，但是，人为的二次伤害还是需要注意的。如果我们身边的人遇到这样的事情，我们一定要注意保护当事人的隐私，这是对当事人最大的爱护。

不被商家的“无痛流产”广告所蒙蔽

某医院，人流手术室门前排起了长队，这些穿着时尚的女孩，即将进行一场名叫“无痛人流”的手术，其中不乏一些青涩的面孔。

一个长着一双漂亮眼睛的年轻女孩将鞋子脱了下来，独自走向手术台。她不知道接下来要发生什么，内心充满恐惧。她的“男友”拎着女孩的包等在门外，显得同样惶恐不安。

做人流手术前，女孩躺在检查床上，医生将为其手术部位做清洗，然后为其注射静脉麻醉。她的双腿则被绑在手术架上，以防麻醉中滑落。

整个手术过程比想象得要快，只用了大约15分钟。

很快，这个生命就会被机器从她体内吸出。医生把绒毛血接在一个瓶子里，里面有最初流动的生命，但是，几分钟后，它将永远消失……

无痛人流即无痛人工流产手术，实际上，“无痛”人流并不意味着无痛苦和无伤害。

一些无良心的非正规医院，为了牟取暴利，对无痛人流手术进行了虚假宣传，把无痛人流手术描述成一件特别简单的事情，“就像美美地睡了一觉”。有的广告还非常夸张：一个女孩躺在手术台上，她小声地问：“医生，开始了吗？”医生则微笑着说：“已经结束了！”于是，一些无知的女孩在这样无耻至极的诱导之下，有了更多触犯禁区、放纵自己的理由。

在近期热播的多部青春题材的爱情电影中，无一例外涉及了“人工流产”这一情节，导演的本意也许是想烘托电影中爱情故事的凄美，但是，一些女孩却误认为，流产在爱情故事中是不可或缺，或者是常见的现象。其实，这完全是错误的理解，当这样的事情发生在我们自己身上时，是没有任何美感可言的，只有对我们身心的伤害。

2012年4月，石家庄的7位母亲公开展出了搜集的一万多份“无痛人流”广告，揭露黑心医院借此招揽生意并误导学生性开放。这是妈妈们心痛的反击。

那么，对于无痛人流，我们女孩又了解多少呢？

第一，无痛人流到底会给我们的身体带来哪些危害？

1. 细菌感染。

无论是手术器械消毒不完全，还是人流手术室的标准不合格，都有可能造成子宫内感染，甚至继续往上传染影响输卵管及骨盆腔，引起盆腔炎、宫颈糜烂等妇科炎症，甚至会造成以后容易宫外孕或不孕的后果。

由于医生经验欠缺或是操作失误，手术还有可能造成大出血或是子宫穿孔等，甚至可能会对生命安全造成威胁，如果人流不干净，还有可能会导致阴道出血等并发症。

2. 造成子宫颈受伤或内膜粘连。

在人流的过程中，若扩张宫颈口的速度太快，可能会造成子宫颈或内膜粘连，并会引起月经异常，如无月经或月经量过少。严重者会在以后产生不育症的情况。这种情况在第一次怀孕或者没有生育过的女孩身上比较容易发生。

3. 麻醉意外。

目前正在使用的麻醉由于不能达到最理想状态，因此，在使用过程中，仍可能导致呼吸抑制、循环抑制、药物过敏等不良反应。

4. 令月经不调。

这是最常见的无痛人流可能带来的后果之一，在无痛人流手术后，排卵或是黄体功能可能会受到影响，因而会引起女性月经不调，会出现月经周期紊乱，月经量少或是月经淋漓不尽等表现。

5. 人流中激素的变化令身体功能衰退，出现早衰。

人为地中断妊娠，会令肌体内分泌水平急剧下降，没有一个缓慢的适应过程，这对人体是一个隐性的打击。人流会令肌体遭到显性的或隐性的损伤，从而使各方面的功能慢慢减退，出现早衰。

6. 人流可能诱发乳腺病。

有统计资料显示，人流诱发乳腺病的占40%左右。这是因为，妊娠被突然中断，会令女性体内激素水平骤然降低，正发育着的乳腺会突然停止生长，细胞变小，腺泡消失。而其复原通常是不完全的，所以很容易造成乳腺疼痛，有的还会诱发乳腺小叶增生、乳腺炎等乳房疾病。

7. 导致不孕。

如果多次做无痛人流，子宫内膜会受一定的损伤，如果子宫内膜太薄了，以后怀孕，极有可能发生习惯性流产或是不孕，而且，人流作为一种手术，也会导致3%的继发性不孕症等。

人流对身体的危害不能全部罗列出来，仅仅以上七条，我们就能知道“无痛人流”手术背后需要我们的身体付出多大的代价。接下来，我们还要了解一下，无痛人流手术到底“流”掉了什么，这将有助于我们更真实地认识“无痛人流”手术。

第二，无痛人流给我们的心灵造成了哪些伤害？

我们女孩的心都是柔软的，在成长的过程中，我们的父母和老师在全力呵护着我们，希望我们可以健康、快乐地成长，当然，在这个过程中我们也会遇到很大的诱惑。每个人的成长都并非一帆风顺，但是，我们要知道这诱惑背后所需要付出的巨大代价。

我们也许为了一时的欢愉而选择放纵，但是，放纵后的结果给我们带来的伤害却是方方面面的。它不仅没有像广告中描述的那样无关痛痒，反而会给我们的生活带来沉重深远的影响。

所以，无论如何，我们都要“慎于始”，防止一步错、步步错，让一切诱惑在还没有萌芽的时候，就让它自然地转化、消失，我们虽然柔弱，但是我们也能为自己的健康成长护航。

当你抵制不住诱惑，选择放纵的时候，不妨回过头来再想想今天看到的这些文字，相信你会做出正确的选择。

了解一下避孕这件事

一个年仅16岁的女孩，1年内在某医院做了5次人流手术。这则消息一经曝出，有人声讨男方不负责任，也有人担忧年青一代的性教育问题。

据该医院妇产科夏主任称，自己对这个经常来做人流手术的小丫头印象非常深刻。每次来都有一个男孩陪着她，小丫头背着双肩包，梳着齐耳短发，声音柔柔弱弱，听人说，他俩学习都还不错。

提起这个女孩，夏主任就忍不住叹气，这个孩子太小了，她把人流手术当成了避孕手段，人流手术对身体伤害很大，她自己不当回事，等到年龄大了就后悔了。

夏主任每次都想叫住她给她讲避孕知识，可是她太害羞了，知道自己做的事情与年龄不符，每次都是匆匆地来又匆匆地离去。

健康中心开设的性教育课程，她也从来不去。对这个孩子的健康状况，夏主任非常担忧。

有一次，夏主任迫不得已在手术开始前给她灌输避孕知识。没想到，女孩的话让在场的医护人员大吃一惊："做人流，我没觉得伤害身体啊，这不就是避孕嘛！"

夏主任说："这个小女孩儿属于反复人流，还有的孩子是反复吃紧急避孕药的。"

按常规，紧急避孕药和人流手术都是有严格规定的，超过了限值对身体都有伤害。夏主任说，反复流产、大量服用紧急避孕药，都是错误的行为，年轻女孩子切不可把健康当成儿戏，否则将来后悔莫及。

现在的女孩性启蒙越来越早，性观念也越来越开放，但是性知识却相对匮乏，尤其是避孕这一方面，很多人都把吃紧急避孕药和人流当作家常便饭，这样的状况也发生在很多成年女性身上。殊不知，这样做会使女性的身体受到很大的伤害。

我们女孩千万不要想当然地去做事，做错了任何事都是会付出代价的。有些知识我们也许现在用不着，但是我们一定要了解它，把这些知识储备起来，等到将来用的时候再拿出来。当遇到他人不懂或是需要帮助的时候，我们也可以利用我们所学到的知识去帮助他人，让他人少受伤害。

我们了解了不能把做人流手术和吃紧急避孕药当作避孕手段。那么，对于一个成熟的和有家庭责任的女性来说，应该怎样去避孕呢？又有哪些可靠的避孕方式呢？

避孕套避孕。

避孕套又叫安全套、保险套，它是以非药物形式去阻止受孕的简单方式之一，亦有防止淋病、艾滋病等疾病传播的作用。避孕套分男用和女用两种。

作为避孕工具，避孕套和其他避孕方法相比，使用方便、没有不良反应，避孕成功率一般为85%，正确使用避孕套可使感染艾滋病的概率降低99.9%，感染淋病的概率降低85%。

口服避孕药。

短效避孕药是常规的避孕方法，需要每天服用，其在人体内的作用时间很短，停药后即可恢复生育能力。因此，这类药物特别适合年轻夫妇。长效避孕药一个月只用一次，或者是几个月用一次，一次性进入体内的激素量比较大，因此停药后不能立刻怀孕，一般要到停药半年后才能怀孕，适合希望长期避孕的女性使用。

而紧急避孕药作为事后避孕药，主要针对常规避孕失败，比如短效避孕药漏服等情况。如果盲目、长期、大量服用，会导致药效降低，出现月经紊乱，甚至可能会导致闭经，影响女性正常卵巢功能，并造成终生不孕。

要知道，任何药物都会对身体产生不良反应，如果女性有肿瘤家族史、血栓史，本身偏胖或已经出现乳腺增生，应该咨询医生，在专业指导下服用口服避孕药。

宫内节育器。

宫内节育器俗称避孕环，是一种放置在子宫腔内的避孕器具，可由金属、塑料或硅橡胶制成，避孕环有圆形、宫腔形、T字形等多种形状，医生可根据每个人子宫的情况选择适当的避孕环。

把避孕环放入子宫腔后，会改变宫腔内环境而不利于受精卵着床，影响精子的活动力和卵子在输卵管的移动速度而达到避孕的目的。使用避孕环避孕的成功率为94%~99%。

这是一种长效避孕方法，但是生殖器畸形或肿瘤，痛经或经量过多，盆腔炎、淋病和有多个性伴侣的女性及严重贫血、心脏病、曾有宫外孕史者都不宜戴宫内节育器。

皮下埋植避孕法。

皮下埋植避孕法，简称皮下埋植，是一种新型的避孕方法，是通过改变子宫颈黏液的黏稠度，阻止精子进入子宫腔；抑制子宫内膜生长，不利于受精卵着床；抑制卵巢排卵等多方面作用来达到避孕目的。

胶囊管埋入皮下组织后，立即开始缓慢地释放避孕药，24小时后即可起到避孕作用，有效避孕时间为5年。

据有关资料统计，采用这种方法，两年内妊娠率仅为0.1%，3年内妊娠率为0.24%。

外用避孕药物。

外用避孕药物是一种化学制剂，放在阴道深处，子宫颈口附近，使精子在此处失去活动能力而不能通过子宫到达输卵管与卵子结合，所以外用避孕药又叫杀精剂。采用避孕环、口服避孕药和避孕针的女性在开始使用的一个月内加用这些药物也能提高避孕效果。

不可靠的避孕方法。

还有几种避孕方法不是那么可靠：一是体外射精；二是性交后清洗阴道；三是计算安全期。我们稍作了解就可以。

对于正在成长中的女孩来说，上述的知识可供我们学习。

我们学习了那么多关于女性避孕的知识，是为了我们长大后遇到这样的事情不至于手足无措。但是对于女孩来说，最好的规避风险的办法只有“洁身自好”这一条。任何避孕措施对于正在成长中的身体都是一种伤害，我们不能允许这种伤害发生。

怎样看待文艺作品、书报杂志中的生理知识

芳芳今年上初中二年级，她的父母都是医生，家里有很多医学方面的书籍，闲来没事芳芳就会翻看这些书。学校也开设了生理卫生课，但是老师不讲，只是同学们自己阅读。

芳芳对这部分的内容感到又新奇又害羞，她很想了解这方面的知识却又觉得书上讲得太简单。放学后，她就开始在自家的书堆里找这方面的书看。

有时，她还会阅读各种文学作品来满足自己这方面的兴趣。

对于文学作品中那意味深长的“伏笔”，她总觉得意犹未尽，有时书中都没有讲清楚的事情，芳芳就自己想象，对接下来将要发生的情节浮想联翩，并在想象中获得满足。

有一天，她在翻看这方面书籍的时候，被爸爸看到了。爸爸询问她在看什么，芳芳有些不好意思，爸爸看到她在阅读这类的书籍，感到有些吃惊，同时，他也意识到芳芳是个大姑娘了。

爸爸从书架上拿出经过自己“检验”的书籍递给芳芳，他嘱咐芳芳好好看，有不明白的问题如果不方便问爸爸就问妈妈。爸爸明白，芳芳开始对两性关系以及自身生理状况感到好奇了，这说明她正在长大。与其让她偷偷摸摸瞎看，不如在父母的指导下把这件事情弄明白。

不愧是当医生的老爸，就是懂女孩的心。

在我们的成长过程中，我们有机会接触各种各样的文艺作品，比如电

视电影，以及一些书报杂志，这是我们获取信息的途径。随着我们渐渐长大，所关注的信息也随之变化。我们不再喜欢看动画片，而是喜欢一些有感情描写的电视剧或电影，还对这一类的书籍特别感兴趣。有人说，这是情窦初开的表现。

但是，各种各样的文艺作品令人眼花缭乱，到底我们应该怎样在复杂的生活环境中获取我们成长需要的养分，并保证不被污染呢？

第一，正视青春期的心理需求，不要害羞，让它正常发展。

随着青春期的到来，女孩体内的性激素迅速升高，我们逐渐萌生出了性意识，紧张、惊喜、恐惧等是经常会出现的心理。经常有一些懵懂的女孩偷看言情小说、爱情大片和妇科方面的医学书籍，其实，这是对性产生好奇心的正常心理现象。

有的女孩开始对异性有好感，开始有了自己的偶像，并对身边的异性单相思或有意接近，有的会产生性欲望，出现性的幻想和憧憬，甚至性冲动。这些都是正常的发育现象。

首先，我们要了解自己是正常的，不要对自己的种种“异常”感到担忧；其次，我们要放松心情，让自己能得体大方地和异性交往；最后，我们要多阅读一些带有正气与正能量的书籍，比如《弟子规》《朱子治家格言》《增广贤文》《格言联璧》及“四书五经”等中华文化中的优秀典籍，以及优秀的文学作品、电影电视等，来提升我们的正气，引导我们树立正确的人生观。

当面对我们感到疑惑的事情，不要羞于启齿，我们可以在老师与父母的帮助下把它弄明白。等我们长大之后就会发现，当时我们看起来那么“神秘”的问题，只是一个正常的生理现象而已。如果不愿意直接和长辈沟通，我们也可以请他们给我们推荐一些书籍来阅读，以帮助我们弄明白这些“大问题”的真相。

第二，正确对待优秀文艺作品以及文学名著中的性描写。

有些女孩可能会感到困惑，一些优秀的电影、电视剧，以及文学名著，为什么里面就有这么直白的性描写？其实，自古以来，在文学作品中，就既有曹雪芹指责过的“淫滥”笔墨，一味迎合某些低级趣味的作品，也有从性爱中透视社会风尚、世态人情、历史内涵，以及用性来刻画人物形象，塑造人物性格，揭示人物的深层心理，推动情节发展的作品。

四大名著之一的《红楼梦》中，就有“贾宝玉初试云雨情”的性描写。但从没有人认为这是色情文学，因为它是为刻画人物服务的。但是也有老话说，“男不读红楼，女不看西厢”，也是在提醒我们，文学作品的感染力是非常强的，如果没有一定的定力就要慎重阅读。

在一场文化论坛中，2012年诺贝尔文学奖得主莫言作为压轴嘉宾出场。一位中学生质疑他的作品，认为他的作品中性描写过多。对于这个问题，莫言直言，建议中学生等到结婚之后再看他的书。

《论语•为政》云：“子曰：‘《诗》三百，一言以蔽之，曰：思无邪。’”宋朝理学家朱熹认为，“诗”可以劝善止恶，其作用都在使人情性归正。如果这句话运用到女孩的生活中就是说，我们要看就要看能陶冶我们情操、导人向善的作品。

在我们还没有定力以及判断力的时候，要慎重地去看、去听，审慎地选择要阅读和观看的作品，这样才会让我们越来越有智慧并趋于良善。如果在定力没有形成的时候，只是用好奇之心不加限制地去涉猎各种信息，会让我们的心过早地被污染，再想恢复纯真就没那么容易了。

第三，要坚决抵制色情片和非法淫秽印刷制品。

淫秽色情的信息带给青少年的影响和伤害是难以想象的。很多信息宣扬的是各种畸形的性行为，如性变态、恋童癖、乱伦等。不论是女孩主动寻求还是被动接受这类信息，当女孩第一次见到色情的图片或者视频，以及淫秽的文字，会有那种强烈的冲击感，之后会有一种极大的罪恶感，有人甚至会觉得恶心。这对女孩形成正确的性道德、性伦理都会产生冲击。长期接受这些畸形的、错误的信息会对女孩身心健康的塑造、发展产生破坏性的影响。

如果女孩沉溺其中无法自拔，影响就更为巨大。不仅学业无法继续，还有可能误入歧途。在一个女子监狱，很多卖淫的女孩也就只有十七八岁，都是特别好的年华，就是因为比较早地接触了性，并受到错误的引导而误入歧途，她们的价值观都已经扭曲。

墨子说：“染于苍则苍，染于黄则黄。”我们的成长有不可逆性，这些淫秽的色情信息，如果进入女孩的心里，是很难被剔除的，不少女孩的世界观、人生观因此发生了很大的转变，会带来道德滑坡、心理畸形、生活颓废、犯罪率上升等一系列问题，而家庭的痛苦也会无限增加。

因此，我们要对这些非法的淫秽制品产生免疫力，坚决抵制它们出现在自己的生活中，为自己的成长构建一道坚实的屏障。

重视性伦理道德，不崇尚所谓的“性自由”

周末的时候，小雅的妈妈在小区碰到了在医院工作的小菲妈妈，小菲妈妈拉着小雅妈妈不放，非要跟她讲讲上次自己值班的时候碰到的一件让她感到“崩溃”的事。

小菲妈妈说：“小雅妈妈，你是不知道现在有的女孩子成什么样子了！”

小雅妈妈满头雾水地问：“成什么样子了？”小菲妈妈叹口气说：“上次我值班，一个上高中的女学生来打胎，之前我就见过她几次，这次见她又来做手术，就很心疼，打算劝劝她。我在手术开始之前，给她讲了一些流产、刮宫的危害。没想到，没想到……”

“没想到什么呀？”小雅妈妈疑惑地问。

“没想到那小女孩理直气壮地跟我说，‘现在不都是为了图个痛快吗？我们现在跟你们那会儿不一样了，我们现在追求的是性自由！打胎也没什么可怕的，这不就是追求一种刺激和冒险嘛！’”小菲妈妈气呼呼地跟小雅妈妈复述女孩的话，“你说，她这不是无知吗？自己的身体不管，非要追求什么性自由和刺激，以后有她后悔的时候！”

小雅妈妈也没想到女孩会这样回答，她担忧地说：“那我们可得注意了，小菲和小雅眼看要上初中了，我们得盯着点她们，得好好引导，要不等以后出了事儿就麻烦了。”

小菲妈妈这才回过神来：“呀！你说得对啊，我怎么把她俩给忘了。

以后咱们可得多交流，现在的孩子，真得要好好管管！”

随着时代的进步，我们看到现在女孩身上的问题确实也越来越多。以前上学的时候，老师、父母担心的是孩子能不能认真学习，在学校有没有听老师话，至于打架斗殴，一般都是男孩父母担心的问题。

可是现在，父母将女孩送出家门，也许会担心她能不能在学校安心上课，有没有结交社会上的不良青年，也担心她眼睛所见到的、耳朵所听到的，担心她被污染、被带坏。

确实，在这个时代背景下，女孩要面对的考验要比之前多很多。一个满嘴飙脏话的女孩也会动不动就挥舞拳头，出了校门也许会浓妆艳抹、衣着暴露，如果她的身边再有几个“狐朋狗友”，脑子里再充斥着一些扭曲的价值观，那么，她真的是处于危险的边缘，稍不注意也许就会跌落“悬崖”，摔得粉身碎骨。

就像故事中那个频繁出现于医院的女孩，她嘴里的“性自由”，你知道是怎么一回事吗？没有正确的价值观，盲目地去追求“自由”，最后会带来怎样的恶果，女孩真的有能力去预见，能承受得了那种结果带来的痛苦吗？这种先放纵不计后果的态度，是正确的还是错误的？

我们先从“性自由”说起。“性自由”口号流行于20世纪60年代的西方。它是从反对男女不平等的婚姻观念和性观念开始的，最后走到一个极端，认为身体和性都是个人财产，自己可决定如何处置、使用。这一口号抛弃了对性的社会制约，否定了性道德的合理内容，逐渐使性自由成为一部分人滥性交的借口。

20世纪60年代到80年代是西方“性自由”的盛行期，这种“自由”导致的最直接的后果就是，离婚率猛增，许多家庭解体，大量儿童失去双亲的爱抚，家庭对子女的教育职能因此严重削弱，青少年性犯罪率激增，未婚生育的母亲和孩子增多，同时还造成了性病和艾滋病的肆虐。

据报道，美国青少年16岁时已有2/3的人有过性行为；每天有2 000名少女怀孕，其中一半做了人工流产，另一半则把孩子生下来；在新生儿中，有1/3的孩子是未婚母亲所生，在刚出生的孩子中，有25%在单亲家庭中生活。而在美国的艾滋病病毒感染者中，20%是青少年……由此可见，美国性自由给青少年和整个社会带来的危害有多大。

“性自由”带来的恶果，也引起了西方有识之士的重视，他们呼吁青少年积极参与洁身自爱运动，并抵制吸毒、嫖娼卖淫及同性恋等行为。他们希望振兴家庭，并强调家庭价值及一夫一妻的健康生活方式和忠诚的性关系。

历史事实已经证明，“性自由”是一颗毒瘤，而其对性伦理道德全面的否定是错误的。从20世纪60年代到80年代，仅仅20多年时间，西方“性自由”就已经给人类社会带来诸如艾滋病肆虐这类空前的灾难。然而，要消除性自由的消极后果，却需要花很长的时间。

如果我们不吸取这样的教训，把西方文化中应该被丢弃的垃圾，拿到我们身上当作放纵欲望的借口，我们也将延续他们的痛苦，对于我们每个女孩和每个家庭来说，都是一场灾难。

现在我们再回过头来认识一下“性道德”与“性伦理”。

“性道德”是一种道德现象。人类经历恋爱、结婚、生育、抚养后代，这么漫长的岁月，需要有一个维护家庭、忠贞配偶、繁衍后代、白头偕老的信念和意志。它不仅是一种思想和情感，还是一个需要我们去恪守的行为规范。

性道德包括三个范畴：爱情观、贞操观和生育观。它告诫人们，性行为必须以合法婚姻为基础；性行为不仅仅是生理上的满足，也是精神上的满足，只有建立在爱情基础上的性行为才能达到精神和肉体的和谐统一；发生性行为的双方必须对性行为产生的后果负责。

而“性伦理”则是“性道德”的升华。它涉及性关系的方式与范围，是社会道德中最敏感的一个领域，是社会感、责任感、尊重感、道义感与幸福感的综合体。

具体来说，也就是当事人对性行为要有责任感，要充分考虑性行为的各种后果，要对对方负责，也要对自己负责，这种态度有利于自己的行为控制，也有利于社会秩序的稳定；要有尊重感，性关系应该建立在互相尊重的基础上；要有道义感，要衡量自己的行为是否符合道德的要求，是不是合法、合理的；要有社会感，性关系必须是自愿的，范围也应该是一对一，同时与多人发生性关系是不合理的，更是不合法的；要有幸福感，性行为不应该是痛苦的。

性伦理是一种行为规范，自觉遵守它是对我们的保护。就像婴儿床上的护栏、高架桥上的栏杆一样，是为了维护我们的安全所设立，是我们立身为人所要遵循的“道”。汽车行驶在公路上，只有依规矩而行才会安全，我们人也是一样，如果所有驾驶员都崇尚所谓的“自由自在”，不遵守交通规则任意而行，那么，就会翻车、会受伤，也将寸步难行。

在对待性的问题上也是如此，人如果不对自己的行为进行约束，在原始的性冲动下放纵，那我们就不能把他称作“人”，因为他的行为充满了动物性。

由此可见，任何自由都是有限度的，在限度内是安全而合法的，任何打着追求自由旗号的胡作非为，都是一种不负责任的放纵，女孩一定要记牢这个道理。

无论受到多大委屈，都不自残，也不去残害他人

嘉嘉14岁，外表看上去非常可爱，不过，父母却发现这个孩子最近有些变化。不但放学回来总是闷闷不乐，据老师反映，有时上课的时候她也会发呆。

从她上了初中以后，爸爸妈妈的工作越来越忙了，应酬一个接一个。他们以为女儿长大了，可以自己照顾自己了，所以有时应酬到很晚才回来，周末的时候也很少在家。

嘉嘉很想和爸爸妈妈聊聊天、说说话，却总是找不到机会。

最近，她被隔壁班的一个男同学吸引了，这个男同学和她说过两次话，他说话的态度非常温和，让她心里感觉很舒服，就总想找他说话。

但是，男同学的妈妈对他要求很严格，有几次她看到嘉嘉在和他说话，之后就找到了嘉嘉的班主任反映情况，害怕儿子会早恋。嘉嘉的班主任观察了一段时间，觉得他们只是普通朋友的交往，并不像他妈妈说得那么严重就没再干涉。可是从那以后，嘉嘉就失去了一个好朋友，男孩看见嘉嘉就开始躲，好像在顾忌什么。

这令嘉嘉感到十分难过，又找不到人倾诉，心里郁闷极了。

有一天，她突然拿起了削铅笔的刀子，她盯着它，盯了一会儿，把刀子对着自己的手臂划了下去。鲜血一下子流了出来，她浑身一激灵，但是，却没有丝毫疼痛感，也不害怕，甚至还有一丝痛快的感觉。

从那以后，她迷恋上了这种感觉，直到有一天妈妈突然进入她的房

间，一下子被眼前的情景惊呆了。

妈妈哭着带着嘉嘉去了医院，看到嘉嘉漠然的表情，她的心如针扎一般难受。

如今在网络上，我们经常会看到一些“惊悚”的图片，一些女孩把自己自残的照片发到网上，照片的内容各异，但触目惊心的血会一下子抓住大家的眼球。这是一种病态的行为。对于这样的事情，很多女孩也觉得不可思议。但是除了疑惑与责备之外，我们还需要对这种现象多一点了解。

自残是因为童年受到了伤害。

有一天，一位女士打通了12355“青春健康”热线，这位妈妈哭诉着反映，最近她发现自己16岁的女儿芳芳身上有多处刀痕，刚开始以为孩子在学校受了欺负，后来才知道是自己划的。她无论怎样问，芳芳都不肯说为什么，没有办法才想请专家帮忙。

经过心理咨询师与芳芳的接触，以及一系列的心理测试，才知道在芳芳心里，童年的一件事始终影响着她，她童年受到的伤害，是她自残的原因。

我们在成长的过程中，会遇到各种各样的事情。哪怕是老师和父母，也不可能每一件事情都做得那么完美，因为他们也是不断成长的人，而不是完人。

所以，当我们遇到一些自己难以理解的事情、遭受到一些不公平的对待时，一定要及时和他们沟通，不要让误会一直继续下去，到最后，可能本来大不了的事情，也会成为我们成长的障碍。所以，遇到问题一定要想办法解决，实在不行还可以求助长辈以及专业人员，总之，在小事“发酵”成大事之前，我们就要把它解决了。

因为“索爱”而自残。

女孩的心是柔软的，小时候我们受到父母的爱护，当父母想放手的时候，我们可能还感觉不太适应。这时候，如果偶尔的机会女孩做了伤害自己的事情，就会吸引爸爸妈妈的注意，他们担心又关怀备至的态度让女孩好像重新回到了小时候。

这种被关怀的感觉和自残联系到了一起，如果得不到及时引导，女孩就会用这种方式来吸引他人的注意，重新获得关爱。渴望得到别人的“爱”并没有错，错在“索爱”的方式太过极端。

自残本身是心理不健康的一种表现，以这种伤害自己身体的方式吸引他人的注意力是愚蠢的，我们可以把自己的心理需求明明白白地表达出来，让父母真正了解我们的想法，另外，我们也要渐渐接受自己已经长大的事实，独立地去做一些事情，锻炼自己的独立能力，毕竟随着我们越来越成熟，需要我们独立面对的事情会更多，独立能力是很重要的一项能力，我们要有目的地去锻炼这种能力。

当然，不要为了“索爱”而去自残，当我们见到身边人有这样的倾向时，也要及时劝解，帮助他们用正常的方式去与人沟通与获取爱。

潜在心理疾病导致的自残。

潜在的心理疾病会让女孩产生自残的行为，诸如边缘性人格障碍、抑郁、创伤后应急反应，解离性疾患，饮食失调症、恐怖症、强迫症、双极性精神失调症、冲动控制障碍等，在遇到紧急的情况时，他们可能会冲动行事，继而进行自我伤害或者伤害他人。

这种纯病态的自残，不是单靠心理疏解就能得到改变的，需要寻求积极的治疗。

如果我们身边有这样的人，要对他们多一点理解和包容，不要再刺激他们，要尽我们的能力帮助他们恢复健康。

警惕“自残型”人格的养成。

一般来说，自残者往往会表现出一定的性格与心理特征，比如，对别人的拒绝和批评非常敏感，情绪化严重，容易冲动；长期处于自卑与焦虑的状态中，自怨自艾，不愿意接受别人的帮助，对生活有无力感；好胜心强，敏感多疑，渴望得到别人的关爱与关注却没有获得。

如果我们是这样的人，那么，就要对症下药，针对这些状况对自己的情绪进行调整。如果是身体有疾病，比如中医讲的“肝火”太旺等，情绪上也会受到影响，那么我们就要请医生来帮我们调理，身体养好了，心情也就慢慢好起来了。

总之，遇到事情我们要去面对，不要躲避，要警惕“自残型”人格在我们身上“扎根”。

不要模仿别人去自残。

很多女孩见到身边的人有自残行为，觉得很“酷”，就去模仿。殊不知，这是非常愚蠢的行为。《孝经》中说：“身体发肤，受之父母，不敢毁伤，孝之始也。”女孩要爱护自己的身体，这是对父母最基本的孝。

当我们有了伤病的时候，最担心和难过的是父母。他们看到我们受伤，会比我们自己受伤还难受，更别提我们是自己去伤害自己了。所以，我们跟随潮流也要看这个潮流是不是正确的，要理智地去判断一件事情的对错，然后再决定该不该做。

不要自残也不能伤害他人。

除了自残，故意伤害他人也是不被允许的，都是病态的行为。有的女孩在重压之下会变得抑郁不能自控，有时会做出伤害他人的事情，这是不能被容忍的，无论害人还是害己都不可以。有些女孩会用这种方式来引起他人注意，表明自己的态度。

可是，这种行为是违法的，任何人都没有权利去伤害他人的身体，这种方式并不能解决我们的问题，还有可能将我们送到牢狱之中。如果我们心中充满了不满与恨意，最好的解决办法就是把它摆在桌面上，积极地去寻求解决之道。

相信没有什么问题是大到无法解决的，也许只是你没有勇气去面对它，自残和伤害他人都是愚蠢的解决问题的办法，只会令事情越来越糟。

切莫对自残者表现出厌恶，要去温暖他们的心灵。

自残是一种压力转移的方式，自残时感觉不到身体的痛苦，甚至觉得得到了解脱。自残的现象如果得不到控制，很容易让自残者越走越远，最后走上不归路。

当遇到这样的人时，试着不要表现出厌恶。要知道他们是因为碰到了解决不了的问题才会变得如此疯狂，在得到开导之后，他们就能跨过这道坎儿，踏上正常的成长之路。我们要试着去理解他们，如果可以帮助就去帮助他们，如果能力不足就表现出接纳，让他们感觉到爱和温暖，再微小的善意也是一味良药。

赌气离家（离校）出走是十分不明智的

初春的夜晚依然很冷，兰州火车站上有好几个成年人在焦急地寻找着他们的女儿。他们的女儿正读初中一年级，几个人是好朋友，其中一个女孩因为和父亲吵架，告知其他几个好朋友之后，她们竟然一拍即合上演了离家出走的戏。

等到其中一个女孩的母亲发现孩子不见之后，另外几个也纷纷发觉不对劲，这才集合到火车站找人。可是，哪里有这些孩子的踪影。她们走的时候身上没带什么钱，衣服也没带，也不知道她们去了哪里，妈妈们着急地哭了起来，爸爸们唉声叹气。

找了一圈没找到人，他们才想起报警。警察迅速跟进，在警方的不断努力下，一周后最终在西安找到了她们。

当父母们再见到孩子们的时候，都快认不出她们来了。看她们的样子，在外面吃了不少苦。警察对她们进行了批评教育。

有了这一段经历，女孩们一致认为，自己的做法太傻了，自己的行为也太危险了。以后有事不会再赌气了，会认真和爸爸妈妈说，一定不会再做这样的傻事了。

其实，故事中的几个女孩是幸运的，很多孩子离家出走之后就再也没能回来。处于这个年龄段的女孩，既希望得到父母、老师的关爱，又希望证明自己的独立。这种特殊年龄段之下的矛盾心理，会令很多也许比较简单的问题复杂化。

当我们承受不住这种压力的时候，就会想离开熟悉的环境。也许是想用这种方式来“报复”最亲的人，让他们知道我们的重要性，也许是想证明自己足够强大，不管离家出走的原因如何，离家出走都是一个危险的选择。

女孩离家出走易被坏人利用。

这个年龄段的女孩阅历很浅，很多时候不能及时地识别危险，当赌气离开家门的时候，无论是形只影单还是有几个朋友陪着，都很容易被别有用心之徒盯上。他们会利用女孩想离开爸爸妈妈和老师“掌控”的心理，用各种她们想象不到的方式来诱导她们，让她们听从自己的指挥，利用她们急切想要长大的心理，让她们沦为自己赚钱的工具。到那时，女孩再想摆脱控制，就会难上加难。

切莫听信“好友”的召唤离家出走。

故事中的几个女孩是因为听从了一个女孩的召唤，而共同离家出走的。这个年龄段的女孩，把朋友的话和感受放到了第一位。有时候好朋友受了委屈，就像自己受了委屈一样，很容易产生共鸣。

特别是对于有号召力的女孩，对朋友的影响力更是巨大的。无论我们是否是那个有影响力的女孩，还是一个很能体会他人感受的女孩，对一件事情的对错，我们要有基本的判断力。当好朋友向你诉苦，说她想离家出走的时候，我们要从好朋友的角度为她开解。收拾行李和她一起出走，只会让你们的处境更加危险，此时你不是在帮她，而是在害她，也害了自己。

有了心事要及时化解，不要逃避问题。

对于想离家出走的女孩来说，原因是千奇百怪的，也许我们是为了逃避压抑的家庭氛围，躲避父母的争吵；也许是因为学习压力太大，父母的期望太高让我们不堪重负；也许是我们做了错事，觉得没有办法面对……

总之，是如“山”的压力让女孩感觉没办法呼吸，只想逃开。她们觉得只有离开才是解决问题的办法，却没有想到，在羽翼未丰满的时候离开熟悉的环境，非但不能解决问题，还有可能制造出很多严重问题。

要知道，我们虽然一时逃离了“事发地”，但问题始终存在。且不说未成年的我们独自一人在外是否有能力去面对未知的环境，只说我们的内心，即使离开了还是无法释怀。而对待这些问题的唯一办法，就是在哪跌倒就在哪爬起来。当我们面对生活有一个积极的态度时，也许有一天你就会发现，问题不知何时就已经得到了解决。而面对它，是我们要做的第一步，逃避问题反而令我们显得幼稚。

天底下对女孩最好的人，无外乎爸爸和妈妈。

也许女孩认为爸爸妈妈和老师不理解我们，我们说的话他们总是不认可，好像也听不懂，而他们的话我们又不想听。但是，当我们真的离开父母身边的时候，才会真切地发现，在这个世界上能无条件对我们好的人，也许只有爸爸妈妈和老师了。

他们是女孩在这个世界上最亲的人。有时他们的话令女孩难以接受，他们的要求太高令女孩难以企及，可是，那都是因为他们爱得太深，期盼才会如此之切。当我们走出家门时，会突然间发现有一些人总是说着一些漂亮的话让我们开心，我们很喜欢这种被恭维、被认可的感觉，但是，也许时间一长却发觉他们的话是言不由衷的，也并没有帮到我们。

我们不能怪别人不能对我们说真话，因为，大家都喜欢听好话。一个和你没有血缘关系、没有师生关系的人，他自认为没有责任和义务来教育你，即使你还是未成年人，他也不愿意冒这个风险说些你不愿意听却能帮助你的话，从而让你讨厌他。

当真正进入社会的时候你就会发现，世界上那个充满爱的地方，永远是家，那哪怕让你难过也要冒风险讲些真话的人，只有父母和老师，还有少年时的同窗。

这些你在青春期时躲避的人，也许正是你日后最难忘的回忆。当你长大了，再想听听他们的教诲，也许他们会说："你已经长大了，做得也不错，我们没什么好说的了！"他们对你的种种"挑剔"和"指责"，只是希望你在成长的时候能少走一些弯路，让你少吃些苦头。希望女孩都可以体会到这些长辈的苦心。

当我们了解了这些，当再次面对他们的时候，也许就会多一些理解和包容，不再那么挑剔。和最亲的人亲密相处的时光就是那么几年，好好地去聆听他们的话，这样才不会留下遗憾。关于离家出走的想法，能扔多远就扔多远吧！

少穿紧身裤，衣着不暴露，打扮不“女人化”

小雯15岁，她特别爱穿漂亮的衣服。在妈妈的记忆中，她从特别小的时候出门前就自己挑衣服，有时还会因为这个和妈妈起争执。确实，小雯靓丽可人，在学校也常被人称作“校花”。而她无论穿什么，走在街上都会引来很多欣赏的目光。

她觉得，正是因为这样，自己的穿着打扮才更不能马虎。在学校没办法打扮，大家都穿着统一的校服，校服肥肥大大，她觉得特别难看，就自己偷偷找人把校服改成收腰一点的。不过，她的小伎俩还是被班主任发现了，班主任令她周末改回来，要不然就叫家长。

她只能把校服再重新改回来，但是很不乐意。既然在学校不能臭美，每个周末都是她最喜欢的显摆时间。由于受到一部电视剧的影响，她最近喜欢上了一种比较“成熟”的风格。周末的时候她去买了一条特别紧身的裤子，一件露肩的上衣，还有一双高跟鞋。

妈妈见到她这身打扮，坚决不让她穿出门，认为这和她年龄不符。可是，她还是偷偷地穿着和好朋友去逛街了，那天一直逛到很晚才回来。当她们走到半路的时候，迎面走来几个男青年，见到小雯就不断地吹口哨，嘴里还大声叫道：“美女！交个朋友吧！”

小雯虽然很开朗，但还是有点被吓到了。她顾不得自己还穿着那双还没穿惯的高跟鞋，一歪一扭地和好朋友逃一样地跑回了家里。一回到家她就冲进了自己的房间，迅速地换下行头，又扭头看了看自己的校服，心里说：“还是校服舒服啊！”

俗话说：“爱美之心，人皆有之。”但是，任何事情都有个限度，也遵循一定的身份和时节。换句话说，我们都喜欢美的事物，但是在不同时期有不同的美，我们处于什么阶段，就要像什么样子。

当女孩还是学生的时候，就要符合学校的规定，在校穿校服，不留长发，不染发，不烫发。出门在外，也要打扮得体，不能为了追求成熟美而打扮得像成年人一样，有的还故意穿一些暴露的衣服，其实这样真的不是美，只会令女孩显得不伦不类。

那我们应该怎样做呢？

第一，不穿紧身衣。

青春期的女孩正处于生长发育的时候，有些发育得早的女孩，女性的特征已经比较明显。有一部分女孩由于不能适应这一变化，会偷偷地束胸，还有一部分女孩，在各种影响之下，会故意彰显自己身体的变化，比如穿一些紧身的衣服，让自己的身材显得更加玲珑有致。

其实，这是不适宜的。因为女孩正处在生长发育的阶段，所以不能束胸，这会影响胸部的发育。而一些紧身的衣服也不可以穿，因为它会使我们的身体受到束缚，让周身的血液循环不畅，同样会影响我们的发育。

如果我们为了一时的“美”而失去了让我们生长得更美丽的机会，那就得不偿失了。是玫瑰总有开放的那一天，何必要在它没成熟的时候揠苗助长呢？

第二，衣着不暴露。

衣着暴露的害处小雯是体会到了。不只是对女孩，对女人来说衣着暴露同样也是危险的。尤其是到了夏天，大街上有很多女孩都穿着漏肚脐、肩膀和后背的衣服，有的女孩甚至穿着比内裤长不了多少的短裤就出门了，这种裤子美其名曰“热裤”。为什么一到夏天犯罪率就上升，其实和女性的穿着是有很大关系的。

一个衣着得体大方的女性走在大街上，即使对面走来一个好色之徒，也不会对她有非分之想，她的衣着表明了她的态度，她洁身自好并有能力和定力拒绝各种诱惑，好色之徒对这样的女性通常不会冒犯。

而他们感兴趣的，正是衣着暴露、举止轻浮的女子。因为她们的穿着就释放出了一种危险的信息，这种信息对好色之徒是一种很大的诱惑。对这样的机会那些故意去寻找可乘之机的人一定不会放过。

所以，如果女孩衣着暴露就出门了，相当于将自己置身于危险之中。我们不要给别人这样的机会，所以自重自爱、衣着得体很重要。

第三，打扮不要太过“女人化”。

女人的每个阶段有每个阶段的美。女孩的美像清水芙蓉，不用去多加修饰，那种纯真的气息就是她最美的装饰。女人有女人的美，虽然不再如女孩般水灵，却有一股成熟女人的魅力。

很多女孩羡慕成熟女人的韵味，就像很多女人怀念女孩的纯真一样。人的一生要经历很多阶段，如果我们总是活在不属于我们的时间段，把精力用在羡慕、向往上，那生活一定不会愉快，以为我们追求的都是自己得不到的东西。

我们能把握的只有当下的美好，女孩现在拥有的，不正是很多人向往的吗？而且这样纯真美好的年龄很快就会过去，你想拥有的成熟女人的味道你最终也可以拥有。

很多女孩让人无奈，就是因为她们在本来很好的皮肤上涂上了厚厚的粉底，给本来明亮灵动的眼睛加了很多多余的装饰，有时她们还穿着不属于她们年龄段的衣服，想以此来展示自己的魅力。

其实，女孩本身就很美，那是青春的气息，不用装饰就足以让人羡慕。我们要认识到自身的美好，并去发扬这种美好，不要把工夫用在刻意打扮上，你现在羡慕的，在不远的将来都会拥有。

女孩要学会拥抱当下的自己，爱自己，并深深知道自己所处的位置，去做这个时间段该做的事情，让自己在每个时间段都活得精彩。明智的女孩不做无用功，不会把精力浪费在一些不合时宜的事情上。智慧的女孩总是在合适的时间做合适的事情，这样才不会枉费生命，否则，所有的努力都是徒劳。

◆第7章◆

防范形形色色的网络骗局

在网络时代，人与人之间的距离越来越近，人们获取信息也越来越便利，这都是网络带给我们的积极方面。但是，网络也带给我们很多负面的东西，处在这个高速发展的信息化时代，女孩要学会好好利用网络，也要警惕各种网络骗局。

慎加陌生人的微信、QQ等

来自福建漳浦的小娜通过微信“摇一摇”，认识了一个男孩阿力。

2013年5月1日晚，阿力用微信约小娜见面，小娜觉得单独一人见一个陌生人有些害怕，便叫上好友冰冰陪同。

大家见面一番寒暄之后，就相约去饭店吃饭，阿力提出自己请客，两个女孩也没有拒绝。吃完晚饭天色已晚，阿力提出夜里女孩子回家不安全，便在附近宾馆为小娜和冰冰办理了入住手续。小娜和冰冰觉得这么晚不回家不合适，但是，碍于情面，她们都对家里说了谎，然后住进了阿力安排的宾馆。

小娜和冰冰都觉得，阿力人还不错。

可是，第二天凌晨2时许，阿力敲开两名女孩的房门，提出要与两人“交往”。遭到拒绝后，阿力恼羞成怒，双方发生了扭打，突如其来的动静把女服务员吵醒，她迅速报了案。

阿力一见有人来，干脆一不做二不休，将小娜的包和冰冰的一部手机抢走，然后迅速逃离了现场。

所幸的是，随后赶到的民警将阿力抓获，并把女孩们遭抢的东西归还。阿力被警方带走，女孩们也吓得够呛。

民警提醒她们，她们这种行为非常危险，以后再也不要和陌生网友见面，更不要在外面过夜。小娜和冰冰连连点头，表示再也不会在微信上加陌生人了，更不会见面。

QQ和微信是现代人惯用的网络沟通和交友工具，这种便捷的交流方式在带给人们方便之余，还容易带来麻烦。因为一旦交友不慎，QQ就会成为诈骗的工具，微信就可能变成“危险信号”。

网络交友有虚拟性，切勿相信“眼缘”。

微信的功能很多，文图音视频消息，多人音频聊天，实时视频对话，朋友圈，摇一摇，漂流瓶……是大家公认的强大的公众开放平台。当然，这种强大的背后，也蕴藏着一定的风险。

浙江的小蝶正在家里刷朋友圈，突然页面传来一条“朋友验证消息”，小蝶按照惯例先看了一下对方的头像，觉得这男孩长得斯斯文文，顿时好感倍生，就将他添加为好友。从那以后，他俩经常在微信上聊天。

2014年8月16日中午，小蝶放暑假在家，那个名叫贾浩的男孩以要为小蝶庆祝生日为由，约她见面。已经自觉离不开贾浩的小蝶瞒着父母和朋友收拾行李连夜从浙江赶往福建。

见面后，贾浩以生日蛋糕放在某宾馆为由，把小蝶带到一个宾馆房间内，并趁小蝶去洗手间的时候，将她手提包内的现金和手机拿走，逃之夭夭。

可怜的小蝶从卫生间出来不见贾浩的踪影，以为他出去买东西了，就一直等待。无奈等了两个多小时还不见贾浩踪影，这才觉得不对劲，赶紧打开自己的包查看，发现现金和手机统统不见了，她一下瘫坐在地上，不知如何是好。

女孩与人交往非常看重“眼缘”，并相信缘分，有的人就是利用女孩的这一心理特点来给女孩“设套”，先让女孩觉得自己很顺眼，值得信任，等到确定了朋友关系，再进一步实施他的诈骗计划。故事中的小蝶就是这样被自己的眼睛欺骗了。可见，网络交友需谨慎不是一句简单的口号，她需要我们时时提高警惕。不熟悉的陌生人，要慎重对待。

小心微信和QQ成为泄露隐私的平台。

很多女孩沉迷于网络，她们没事就喜欢在QQ空间贴文章，或者刷微信朋友圈。如果浏览一下女孩的QQ空间或者微信，就会发现现在很多人都是“长”在网上的。一天到晚，只要是可以抱着手机的地方就抱着手机。

该吃饭了，发个美食图片到朋友圈；和朋友去哪里玩了，拍个照片发个朋友圈；有烦心事了，发个泄气的流着眼泪的照片……在这个无限宣扬自我的时代，我们的个性得到了很大的彰显，我们有了很好的平台可以展现自己，这是从前的时代所不能企及的。但是，与此同时，我们的隐私也被暴露了。

我们的心情、个人照片，甚至行程，在我们的交友工具上被记录得明明白白，如果此时你的朋友圈中恰巧有那些不熟悉的别有用心的人，那么，你的处境就会变得非常危险。通过你的朋友圈内容，他变得非常了解你，如果他想找到你，是很容易的事情。如果他再稍微用点心去和你攀谈，那么，你就会落入他布下的网中，他想何时收网，是不会和女孩打招呼的。

所以，我们在宣扬自我、享受现代网络平台带给我们自由的时候，也别忘了保护好我们的隐私，以防被别有用心之人利用。

莫让攀比害了自己。

很多女孩很喜欢炫耀自己的朋友圈，今天小A说自己朋友圈有100多个好友，小B不服气，说自己的朋友圈好友都200多了，小C听到了记在心里，开始铆足了劲加好友。于是，认识的、不认识的，各种各样的人只要是小C见过的，能加好友的都加好友了。

可是，这就产生了一个问题，如果你在交友平台上只是默默地看着、点赞，那还没什么问题，然而，一个把精力花在攀比好友多少的女孩，会心甘情愿地让自己“埋没”在别人铺天盖地的自我展示中吗？一定不会！她一定会积极努力地去经营朋友圈，先不说学习的时间被浪费了多少，单说安全性，真的是令人担忧。

因此，我们利用网络平台交友要有一个度。不能压抑自己想发出声音的需求，但是，在发声之前要先甄别自己的朋友圈，适不适合过度地暴露隐私。

有人会说，朋友圈内容可以分组啊！那我们分组发可不可以？合适的内容只发给合适的人看。当然是可以的，也是值得推崇的。但是，无论我们怎么分组，如果我们放开交友的度，让我们不了解的陌生人过多地进入我们的生活，这就是安全隐患。

尤其是对于现在的女孩来说，有时并不能很好地分辨别有用心者的真面目，所以，我们还是谨慎为好。

在纷杂的网络环境中甄别好坏。

网络环境之所以这样吸引人，是因为它以一种特有的方式和丰富的内容展示给人们一种全新的虚拟社会环境。但是，正因为它是虚拟的，所以，网友对自我的描述，可能因为缺乏佐证而变得亦真亦幻让女孩难以分别真假。

但是，女孩自身要明白，大千世界鱼龙混杂，凡事一定要三思而后行。世界上没有免费的午餐，不可相信他人的承诺和花言巧语，更不能有占便宜的心，如果女孩抱有这样的心去交友，十有八九会被骗。

贪心是上当的因，被骗只是个结果而已。无论我们贪的是什么，可能是财，也可能是色，甚至是一点点被关注、赞美的感觉，总之，贪心上来就迷惑了双眼，就受不住诱惑，到时候假的也是真的，等醒过来的时候，也是他人得逞的时候，那又能怪谁呢？女孩只要时刻保持清醒不贪心，任谁也不能欺骗我们。

可见，保护的盾牌始终就在我们自己的手上，就看你是不是能充分利用起来。

接到“熟人”借钱、邀约等信息，一定要核实

佳佳是某外国语学校初中二年级的学生，她有一个表哥名叫小枫，他俩从小一起长大，小枫比佳佳大两岁，前年去了美国读书。

有一天，“表哥”突然给佳佳传来QQ信息，说急需5 000美元，自己被别人连累参与到赌博中，输光了所有的钱，现在连吃饭的钱都没有了。他还让佳佳不要告诉长辈，以防他们生气着急。佳佳一听急坏了，远在美国的哥哥出了这么大麻烦，自己说什么也要帮啊！

5 000美元对与佳佳来说显然不是小数目，她把自己的压岁钱都取了出来，就在她想给表哥汇过去的时候，突然觉得有点异样。因为表哥一向行为端正，成绩也很好，怎么突然就赌博了？再说，前几天他俩还视频聊天来着，没看出表哥有什么异样啊！

为了以防万一，佳佳决定和小枫视频连线，她必须看到是他本人才放心。视频接通了，佳佳看到了小枫，但是画面是静止的，也没有任何声音。“表哥”说，这边网络有故障，还说让她相信自己，他打工挣到钱很快就会还给她。然后，“表哥”给了她一个新的账号名和一个陌生的名字，说这是自己舍友的，自己的账号在那些赌徒的控制中，自己取不到钱。

一听表哥这么说，佳佳又着急又不好意思，连忙说：“表哥，我不是不相信你啊，只是现在骗子太多了，我必须看到你的人才放心，你等着，我这就给你汇。”佳佳立即把钱汇了过去，可是表哥那边也没有消息，佳

佳一连几天想找他，问问他的麻烦是不是解决了，但是都没有回音。

佳佳忍不住把这事告诉了小枫的妈妈，也就是佳佳的姑姑，姑姑疑惑不解，今天早晨小枫还打来电话，他们全班去了另一座城市参加表演，根本就没在学校，怎么还会跟佳佳借钱呢？佳佳也疑惑极了，她们赶忙给小枫打电话，这才知道，佳佳是被骗了。

小枫由于忙于表演，好多天都没有上QQ，听她们一说赶紧登录QQ，才发现自己的QQ被盗了。而盗QQ的人，很可能就是小枫的QQ好友，那张静止的小枫的图片，可能就是他们视频的时候被截取的。

知道真相的佳佳一下子哭出来，虽然知道表哥没事自己也很开心，但是自己攒的压岁钱被骗走了，心里真的太难受了，算了，就当为踏入社会做准备了。想到这，她一抹眼泪不哭了，拿起电话报了警……

如今科技越来越发达，骗人的手段越来越多，就像上述故事一样，有时骗子的骗术让人防不胜防。在虚拟的网络中，女孩要特别警惕熟人借钱和邀约的事情。遇到这种事情一定要再三去求证，去辨别真伪。那么，怎样去辨别真伪呢？

一遇到钱财上的来往就要特别小心。

因为骗子骗人大部分是骗财和骗色，所以，当我们遇到网络上有人向我们借钱的时候，无论这个人是不是熟人，都要先提高警惕。

特别是熟人，他如果真的想借钱，可以通过别的方式，不一定是通过网络。他可以打电话或者约你见面，总之，一遇到涉及钱财的事情，无论数目大小、关系好坏，都要先打个问号，小心求证然后再做决定。不要觉得不好意思，因为对方是熟人，又因为他从来没跟自己张口借过钱，突然借钱一定是碰到了急事，听到对方借钱就立马汇过去表示我们的友好，这大可不必。

你要耐心和对方解释，如果对方的账号不是被坏人盗取了，那么他一定能理解你的用心。如果是坏人，那你的求证就会起到作用，坏人就不会得逞。

遇到熟人在网上借钱，先打电话求证。

当女孩遇到网络上有熟人借钱，要先打个电话求证。往往一打电话就什么都明白了，如果电话碰巧打不通，那么我们就要借双方都熟悉的问题来求证。

比如，聊聊大家小时候的同学，并故意说错几个明显的地方，如果对方是本人，就一定会纠正你，如果对方接着你错的往下说，那么八成是骗子，你就要小心了。

面对网络中熟人邀约也要慎重。

网络中的熟人邀请我们也要慎重，如果这个熟人是我们现实中的朋友，那么我们就给他打个电话，问问有没有这回事，如果是在网上“混”得很熟的“熟人”，那就要三思了。无论你们在网络上的关系有多好，贸然赴约都是危险的，遇到这种情况，一定要拒绝，不要犹豫。

出现问题及时报警。

当女孩不幸被骗的时候，无论我们的损失是大是小，一定不要隐瞒，要及时报警。警方会为你伸张正义，不要不好意思，或者因为被骗金额太小而觉得就当买个教训。对付坏人，一定要用法律的武器，不能听之任之，警察抓到坏人之后就会使更多的人免于受害。

识别各种形式的网络犯罪，坚决不参与

2006年的“熊猫烧香”是一种经过多次变种的蠕虫病毒，由25岁的武汉人李俊编写，它被列为2007年十大电脑病毒之首，曾让上百万台电脑受害。这种病毒于2007年1月初肆虐网络，主要通过下载的档案传染，对计算机程序、系统破坏严重。

这种病毒在极短的时间之内就可以感染几千台计算机，严重时可以导致网络瘫痪。中毒电脑上会出现“熊猫烧香”图案，所以也被称为“熊猫烧香”病毒。中毒电脑会出现蓝屏、频繁重启以及系统硬盘中数据文件被破坏等现象。

2007年1月7日，国家计算机病毒应急处理中心发出“熊猫烧香”的紧急预警，1月9日，湖北省仙桃市公安局接报，该市“江汉热线”不幸感染“熊猫烧香”病毒而致网络瘫痪，1月31日下午，各路专家齐聚省公安厅对该案进行“会诊”，同时成立联合工作专班。

2007年2月3日，回出租屋取东西准备潜逃的李俊被当场抓获。同年9月24日，“熊猫烧香”计算机病毒制造者及主要传播者李俊等4人，被湖北省仙桃市人民法院以破坏计算机信息系统罪判处李俊有期徒刑四年、王磊有期徒刑两年六个月、张顺有期徒刑两年、雷磊有期徒刑一年，并判决李俊、王磊、张顺的违法所得予以追缴，上缴国库。

没想到，2009年出狱之后他们又重操旧业。

2013年年初，李俊与张顺因在浙江丽水设立网络赌场，而被当地检察机关批捕，据透露这家网络赌场在非法经营期间敛财数百万元，涉及赌资达数千万元。

在现实生活中人们可能会遭遇到不法侵害，在虚拟的网络空间中同样可能发生。网络违法犯罪是一种新型的违法犯罪，青少年网络违法犯罪已成为严重的社会问题。

面对种种的网络犯罪，女孩应该怎样做呢？

女孩要明白网络违法犯罪的基本种类有哪些。

1. 建立违法的网站或网页

网络传播的信息数量大、速度快、内容丰富，一些青少年利用自身的特长和优势，在对网络不良和违法信息持认可态度的影响下，设立违法网站，传播色情、暴力信息，诱导其他青少年加入。这种情况严重损害了青少年的身心健康。

2. 利用网络社会的“隐形”之便，传播不实言论，侵犯他人名誉

由于互联网营造的是一个虚拟的环境，身处虚拟地域的人们可以用虚拟的身份自由地进行交流，发布自己的思想和言论。

因此，有一些青少年利用网络的隐蔽性和自由性，在网上制造不实言论，扰乱公众秩序；还有一些青少年在网络上随意对一些人进行“人肉搜索”，并进行网络谩骂，从而侵犯他人名誉权。

很多青少年都简单地以为在网络中自己拥有绝对的自由，因而说话的时候不顾事实，甚至捏造事实，侵害他人名誉权，事实上，这样的行为都是触犯法律，并要付出代价的。

3. 非法破坏与侵入计算机信息系统

非法破坏计算机信息系统是指在网上制造、传播计算机病毒，致使他人的计算机系统毁损或信息丢失，或者利用网络自身的脆弱性攻击网络设施，破坏网络信息的传播；非法侵入计算机信息系统是指，无权访问特定信息系统的人非法侵入该系统或有权访问特定信息系统的用户，未经批准或者授权而擅自访问特定信息系统或者调取系统内部资源。

“熊猫烧香”病毒制造者因为制造了计算机病毒而入狱。而在现实生活中，有一次针对小学生的统计表明，有42.5%的小学生崇拜黑客，还有32.5%的小学生有当黑客的念头。这就说明，在小学生的头脑中，黑客是个很酷的形象，他们并没有意识到这样的行为是违法犯罪的行为。

4. 利用网络实施盗窃、诈骗等违法犯罪行为

有一些青少年由于受到了网络中不良因素的影响，利用网络实施盗窃、诈骗、抢劫和强奸等犯罪行为，这些犯罪行为侵犯了公民的人身权利、财产权利等方面的合法权益，破坏了社会秩序。

面对网络犯罪的兴盛，女孩应该怎样做?

当互联网开始走进千家万户之后，网络犯罪也慢慢地“兴盛”起来。网络是一把“双刃剑”，女孩可以利用它学习知识，方便自己，同时，如果稍有不慎，女孩就可能会因为网络而触犯法律，女孩究竟应该怎样去规避这样的风险？

1. 女孩要明白，网络违法也要付出代价

在现实生活中做了坏事的人会被警察抓住，在网络中依旧如此。只要是有人触犯了法律，公共信息安全监察部门也同样会利用网络，最终寻找到违法的人。也就是说，只要做了坏事，无论是在现实中还是在网上，一样都逃脱不了法律的制裁。

2. 展示实力要用正确的途径

有的女孩通过网络得到了展现自我的机会，这为她增添了自信。可是，如果处心积虑地为了证明自己有实力，而以身试险，那就是错误的行为了。实力不是这样来发挥的，女孩只有正确、谨慎、守法地使用网络，网络的作用才能得到更好发挥。

3. 女孩要做好“慎独”

网络是特别考验人“慎独”功夫的地方。在现实生活中，女孩或者碍于面子不会做一些过火的事情，但是一到了网络就彻底放开了，反正也没人认识自己。其实，越是在独处或者没有人认识自己的时候，越是考验女

孩的时候。

我们不能因为环境的变化而改变对自身的要求，那样就是一个表里不一的人。要记住，做好了“慎独”功夫，让自己表里如一，我们其他的学问才有发展的余地，如果我们表面一套，背后一套，精力就会全部浪费在“内耗”上，无论做什么都不会做好。女孩要学会真实地生活，无论何时何地都不放松对自己的要求，也不做违背原则的事情，这样女孩成长的脚步才是坚实的，方向才始终是面向光明的。

不要沉湎于网络聊天、微信交友等

福建省南安市某派出所外，付先生谈起失踪两天的女儿几度哽咽。老付的女儿小玉12岁，读小学6年级，成绩不太好，还沉迷于网聊。

一开始，付先生夫妇并没有干涉她，因为小玉性格内向，平时和同学鲜有交流，自从家里买了电脑上了网，小玉就交了一个网友，从那以后，她一放学就直奔电脑前，和她的网友聊天。

刚开始的时候，付先生夫妇为了让小玉开心，觉得这也没什么，和同学没话说，和网上的朋友聊一聊也不错。可是后来，小玉越来越沉迷于网聊，有时为了网聊连吃饭都顾不上了，再后来，付先生夫妇听说她一直在和一个比她大很多的男孩聊，两人私底下都称呼对方为老公老婆，这下他们再也坐不住了。

他们开始对小玉上网的时间进行限制，老师知道后特意把小玉叫到了办公室和她谈心，尽管这样，后面发生的事情还是令父母感到难以接受，小玉给妈妈发了一条短信后离家出走了。

短信中写道："爸爸妈妈，我觉得现在生活得一点意思都没有，我走了，去一个你们找不到我的地方了，你们也不要找我了，对不起。"

妈妈哭着说："现在只希望她能回家，无论她犯了什么错，我都能原谅她。"

警方已经立案调查此事，看来又是一场艰难的寻子之路……

不可否认，网络聊天对女孩有一定的好处，可以增强女孩与人沟通和交流的能力，也可以增长女孩的见识。但是，沉迷其中难以自控就不正常了。女孩网聊要掌控一个度，偶尔地聊一下也无伤大雅，但是沉迷在里面，并对一个不知底细的人产生“爱情”和依赖，并和现实严重脱节，那就有点太过分了。

面对“来势汹汹”的网聊和时下最流行的微信交友，我们要了解以下几点。

分清什么是虚拟什么是现实。

很多女孩迷上了网络聊天和微信交友之后，手机就从来没离开过自己的手，可以说自己是“泡”在网上的，这对女孩的现实生活产生了极大的影响。到最后，甚至把虚拟的当成是现实的，导致生活在现实社会中反而觉得没有意思，就像故事中的小玉一样。

因为在生活中她找不到自己，活得很没有自信，而在网络中她什么都敢说，什么都敢做，感觉不到被束缚。可是，网络毕竟不是现实，我们终究要回归现实中生活。如果女孩可以在网络交友中获取自信，并把自信运用到生活中来，那也是一件很好的事情。可是，如果我们沉迷于虚拟而放弃现实，那只能让自己的生活越来越糟。

什么样的女孩容易沉迷于虚拟交友中？

进入青春期的女孩自我意识增强，她们会不断地思考和审视自己到底是个怎样的人。自己聪明吗？漂亮吗？等等，在她们一再地比较和判断下，会产生“理想我”和“现实我”的差距与冲突。如果其“现实我”与“理想我”的差距不大，那么她便会有比较高的自我认同度。这样的女孩在现实中往往比较自信，能够阳光地面对生活，敢于表现自己，也更乐于与他人交往。

如果对比之后发觉差距较大，女孩就会产生较低的自我认同度，也就是不自信，也容易产生自卑心理，害怕与人交往并逃避社会。这样的女孩比较容易在网络上创造一个甚至几个“理想我”，以理想的身份、外表、性格等聊天、交友，虚拟的人际交往为她们提供了自信，缩短了现实与理想间的差距。显然，这不是长久之计。

缺乏社交能力要在现实中锻炼。

当女孩一开始接触网络的时候，会被网络中众人无所顾忌的说话与做事方式所震撼。因为是虚拟的，所以女孩说话的时候也可以不用顾忌那么多，因为别人不了解自己，自己完全可以虚拟一个身份，所以说话也没那么多不好意思的感觉。随着时间的推移，她觉得自己与人交往的需求在网络中得到了极大的满足，有时，甚至认为网络中的自己才是真的自己。

自我认同度较低的女孩更容易沉迷于网络之中而逃避现实。而随着她越来越沉迷，在现实中与人交往的能力就越来越差。对于这部分女孩来说，当她们沉迷于网络中时，就会把虚拟当成现实。

可是，网络再完美也不能代替现实，我们在网络中运用的交友方式，在现实生活中是行不通的。所以，女孩要想真的提高自己的社交水平，加强自信，还得从日常生活着手，否则，越沉迷于网络我们就会离现实越远。

不跟陌生网友见面，非见不可要征得父母同意和陪同

青青最近迷上了漫画，她还加入了一个漫画群，在群里她认识了很多有相同爱好的朋友，并和其中一个叫阿峰的男孩聊得特别投机。

青青每天放学第一件事就是直奔电脑，然后找到阿峰和他聊一会儿才能去做别的事情。后来，她不顾学校的规定，偷偷把手机带到了学校，有时上着课也和阿峰聊天。有几次她的手机被老师发现没收了，最后一次和阿峰聊天被老师发现后，老师直接让她叫了家长。

爸爸到学校和老师见面之后非常严肃地告诉青青，她的行为已经严重影响到了她的学习，劝她无论如何要改掉这个习惯。青青不服气，说：“人交友都是有自由的，我和他特别聊得来，和他说话我开心，您还不允许我有好朋友了！”爸爸说：“你可以有好朋友，但是你这么个聊法，还上不上学了？你在学校能专心听课吗？这已经影响到你的学习了！”

青青低头不说话，突然，她抬起头来对爸爸说：“那您让我见他一面吧，都说网友见面‘见光死’，也许我们见一面就再也不想跟他聊了。”

爸爸沉吟了一会儿，说：“可以，不过，我得陪着你去！”

青青见爸爸答应了高兴极了，可是爸爸要跟着她去，这算什么事儿！爸爸在那儿自己还怎么跟阿峰说话了！

爸爸见青青半晌不答应就说：“我只是在你身后跟着你，你和他约在人多的饭店，我就在你角落的座位上坐着，不打扰你，不会让他发现的。”

青青想了想同意了。

见面的日子到了，青青激动得早早就到了约定的饭店来等阿峰，阿峰一直到中午才到，一到就连忙道歉，说自己有事来晚了。爸爸就在不远处的地方坐着，观察着他们。不一会儿，就见青青起身离开，连饭都没吃，爸爸赶紧跟上。

只见青青嘟着嘴走在前面，爸爸追上问："怎么了？"

青青沮丧地说："哎呀，他在网上说话那么文雅，我还以为是个白马王子，可见面后才发现他不仅邋邋遢遢，说话还磕磕巴巴，年龄都快跟您一样大了，您说我还待着干吗呀！"

爸爸见状，心里有底了，确实网友见面就"见光死"啊！

青青又说："幸亏您跟我一起来了，还选了个人多的地方，要不然我还不知道该多害怕呢！我再也不沉迷网聊了，我得好好学习，多在现实中去寻找和我志同道合的朋友。"

故事中的爸爸很机敏，他用这种方式保护了孩子，同时也让女孩明白，网络和现实是有差距的，要想收获真正的朋友，还要在现实中努力，让自己增加自信和交往的能力，才能生活得越来越愉快。

在现实中，很多女孩就没有那么幸运了，她们接受了陌生网友的邀请贸然去赴约，等待她们的是一个陷阱，等到她们被骗财骗色才后悔不迭，那又有什么用呢？

作为女孩，我们应该牢记以下几点。

警惕"熟悉"的陌生人。

现在网络通信越来越便利，"网恋"也开始在女孩中风行。根据2014年某机构统计的数据表明，在当年8月初至9月失联的19名女孩中，有一名是与网友"私奔"最终被带回，有一名是去见网友而遇害。

说到底，网络世界是虚拟的，对方无法根据我们的表现来了解生活中的我们到底是什么样子，女孩也很难去辨别在网络背后那个"熟悉"的陌生人到底如何。很多时候，女孩会受到对方花言巧语的影响，在对对方没有深入了解的时候，选择和他们见面。这是非常危险的行为，必须引起我们的注意。

遇到事情，不要对父母隐瞒。

很多女孩将见网友看作十分隐蔽的“私事”，认为这是任何人都无权干涉的。有时候，她们选择宁愿把这个告诉自己的好朋友，让好朋友陪同自己前往，也不会选择告诉父母。其实，你的行为是危险的，你贸然前去不仅会害了自己，也会害了朋友。所以，遇到这类事情，一定要提前告诉父母，并听从他们的意见。

如果非去见网友，要得到父母的同意或者让他们陪同前往。

就像故事中的青青一样，她觉得自己有必要去见网友，这时爸爸提出自己陪同，青青思考之下同意了，这是明智的选择。

试想如果我们要见的网友是正常的、对我们无害的，那么带着父母前往又能怎样呢？父母见到你交往的人是积极向上的，他们也就放心了，也会支持你们继续交往；如果这名网友确实是居心叵测，那么带着父母前往就是对我们的一种保护。

所以，无论从哪个角度来说，作为成年人的父母对我们的保护会在关键时刻起重要的作用。父母都是有经验的“过来人”，他们的识人之功绝对在我们之上，无论有何种理由，我们都不应该拒绝他们对我们的保护。

识别各式各样的网络骗局，坚决不上当

一天上午，福州市某派出所民警接到一个报警电话，电话中的姜女士说，自己13岁的女儿小莉被骗了。

等民警赶到银行时，看到小女孩正在哭。原来，当天早晨小莉自己在家上网聊天时，突然电脑弹出一个对话框，提示小莉中奖了。

小莉按照上面的文字点开了链接，按照提示的步骤填写了自己的真实信息，这时，电脑显示小莉需要交纳2 800元的保证金。此时，小莉意识到这可能是个骗局。没想到，几分钟之后骗子拨打了小莉留下的电话，声称小莉填写了资料就意味着进入了领奖程序，不能中途退出，如果不交钱，就会起诉小莉的父母。

一听这个，小莉有点害怕，赶紧拿上存有自己压岁钱的卡就往银行跑。将2 800元转到了骗子的账户上，可是骗子还不满足，继续恐吓小莉，小莉分数次将银行卡上的8 000多元陆续转到了骗子的账户上。

此时，她才想起来给妈妈打电话。妈妈一听就知道是上当了，这才赶快报警。

现在网络已经深入千家万户，成为女孩生活中必不可缺少的一部分。女孩在利用网络的同时，也要警惕存在于网络中的各种骗术。各种骗术接踵而至，网络陷阱此起彼伏，让女孩感觉眼花缭乱防不胜防。我们现在就来看一下都有什么样的网络骗局，知己知彼，才能百战不殆。

虚假网站骗局。

虚假网站主要是指通过伪造一些合法的网站而非法牟利的网站。比如，各大银行的网站，如中行和工行，都曾发生过假冒网站事件，骗子的主要目的是以注册网上银行中大奖为饵骗取客户的工行卡号和网上银行密码；一些常用的购物网站，如淘宝等，也有骗子设计出了假淘宝网站，假淘宝网在网页上安装了木马程序，用户在假冒网站输入自己的用户名和密码，网站就会获得该用户所有保密信息。

还有一些虚假的购物网站以"超低价"来吸引消费者，实际上他们是没有产品的，等消费者交钱之后就再也联系不到他们了，让消费者不明不白地花了冤枉钱；另外一些假网站以色情为诱惑引人上钩，一旦登录网站，就会自动下载一些非法软件到电脑上，盗取电脑持有人的个人账户等信息。

对于一般的虚假网站（比如虚假购物和恶意网站），我们可以通过检查网站的工商红盾标志来鉴别，有这个标志的话就点击该标志看是否能进入以"gov.cn"结尾的当地工商行政管理局的官方网站，并查看该公司相关信息。如果没有的话，就到相应的工商官方网站查询对方企业的营业执照，核实该公司是否真实。

对于金融类重要网站的鉴别，我们可以通过查看网站的CA（Certification Authority）证书来判断。首先，可以在地址栏里查看自己打开的网址是否是以"https://"开头的；其次，请查看在您IE浏览器的下方状态栏的右边有没有像小金锁一样的图标，正规的大网站应该都有，然后你点击这个图标会得到授权机构对该网站的认证信息。如果这两样标志都正常的话就是真的网站。

虚假邮件骗局。

电子邮件是现在女孩常用的通信工具，很多骗子根据受骗人的知识面和信息的透明度限制而发送诱惑性的邮件来骗取钱财。其实，对付这样的骗局很简单，只要女孩对不明来历的邮件提高警惕，对可疑信件做多方求证就能发现其中的漏洞，也就不会被骗了。

网络传销。

网络传销与传统传销是一胎双生，它的得利方式同样是交纳会费，然后再拉人进入作为自己的下线，这种方式与传统传销没有本质的区别。不过，通过互联网，传销者减少了宣传的成本，而且网络空间无限，传播速度比较快，再加上网上立法落后于现实生活中的法律，所以给传销带来了发展契机。

据报道，现在流行的“微商”，也有一部分落入了传销的魔掌。他们先以火爆的销量和诱人的前景引诱你加入，赚取你的加盟费。也就是说，他们真正赚的不是他们所炫耀的产品，而是通过招代理，拉“下线”所得到的“加盟费”提成。而那些银行卡流水记录、发货单与成堆等待发货的产品，一般都是通过造假得来的。但是，只要大家对传销的本质有清醒的认识，一般就可以对网络传销进行分辨。

“改头换面”式骗局。

冒充正规公司客服是网络骗子行骗的另一手段。比如，冒充淘宝、京东等网购商城的客服，以缺货、系统出错、订单不完善等问题要求重新输入或申请退款，而一旦听从骗子的指挥，银行卡里的钱也就不保了；冒充一些大网站或者电视台，利用QQ或电子邮件等手段通知用户中奖，以支付个人所得税、手续费、邮费等为名诈取钱财；盗取QQ号码，录制虚假视频向“好友”借钱；将自己的用户名改为10086等官方通信号码，让女孩误以为自己是和官方通信，以积分换购、会员奖励等为由骗取个人信息，伺机诈取钱财。

其他种类的骗局。

另外，还有“刷信誉”骗局、“高回报兼职”骗局，等等。这些骗局无一例外都是利用人贪便宜的心态，只要你看中了他的“便宜”，他就会有机可乘。

所以，我们要防止被骗，除了要知道骗子的惯用伎俩，还要懂得“天上不会掉馅饼”这个道理，对于看起来很“便宜”的事情，我们要远离，一般这里面都藏着很大的陷阱。

女孩也要尽早远离各类网络游戏

河北省遵化市一名16岁的女孩冯某因沉迷网游，暂停学业在家，她一年都没洗过澡，脚部因炎症而发生溃烂。医生推断，她可能出现了青春期精神障碍。

据冯某的妈妈说，她原本性格活泼，可是从前年开始不愿意上学了，说有人想伤害自己，还有人总是背地里说自己坏话。从此，她就不上学了，并迷上了网络游戏。

父母与她谈心都没效果，女孩铁了心不想出门。妈妈威胁她不出门就拔网线，可是冯某的举动却把父母吓坏了，她找来铁锤，把自己房间的门窗全部钉死。最后，爸爸强行打开房间门窗，但从那以后冯敏就再也不和父母说话，同时脾气也变得暴躁不安。

不仅如此，她还拒绝洗澡，身上全都变黑了，右脚还因炎症而溃烂，整天流脓水。她以死来威胁爸妈给她安上网线，每天只是在自己房间不出来，就是玩游戏，吃饭都是妈妈端进去。

父母多次想带她去医院，却总是无法将她带出门，后来妈妈实在忍受不了了，给心理专家打了电话，心理专家分析，冯某患有轻微的由“被害妄想”引发的青春期心理障碍，只是通过上网打游戏来逃避，她现在需要药物治疗。

“骗”冯某吃了一段时间药后，在医生的指导下，妈妈藏起电脑劝冯某到医院去看病脚。这次，她竟同意了，并答应出门前洗个澡。从医院回来后，她好像有些变化，主动要求和妈妈一起睡，流露出小女生撒娇的情绪。这令妈妈喜极而泣：“那个乖女儿又回来了！”

专家说，通过药物治疗，冯某的病有所好转，但还需长时间的心理治疗做辅助。网络游戏要渐渐断掉，如恢复较好，建议父母要送她去上学，正常、开阔的社会环境更有利于她的康复。

网络游戏给青少年带来的危害日益严重，沉溺于网络游戏无异于自毁前程，其危害不亚于毒品成瘾，这绝不是危言耸听。让我们来看一看，沉迷于网络游戏到底有何危害。

危害一：学业被荒废。

华南理工大学的教师明宗峰，是全国首个“反网游沉迷”公益网站的创立者，他有一次请四名大学生给他做一个很基础的软件，但是这四个人都做不出来。他问他们，你们四年大学都干什么了？他们说，就玩游戏了。这件事给了他很大的震撼！这些孩子们到底把青春的年华献给了谁？献给了电脑和网络。

华南理工大学的一位教授也曾对记者说，现在每学年都有一些考试，补考动辄上千人，其中相当部分与沉迷网游有关。中山大学心理学系一位教授曾指出，大学生沉迷网游最直接的后果，就是毁掉了自己弥足珍贵的求学时光。而对于那些希望通过大学来改变命运的孩子，最后的希望也会在网络中迷失，他们在走一条快速的下坡路。

危害二：身心都受到严重的伤害。

当青少年对网络游戏成瘾后，一旦强行被停止网络游戏活动，便会感到情绪低落，思维迟缓，记忆力减退，食欲不振，出现难以摆脱的渴望玩游戏的冲动，什么有意义的事情都难以进行下去。

一位心理学教授说，一旦一个人有了网瘾，很难戒除。网瘾对一个大学生的伤害很大，相当部分沉迷网络的学生都不善交际，性格相对内向，甚至做事极端，情绪波动大，易抑郁。

而对于身体的直接伤害更甚，在报道中，我们看到很多孩子因为长期作息不规律，导致身体透支最后倒在网吧的椅子上，临死的时候还保持着打键盘的姿势，这是多么让人心痛的一幕。

危害三：网络游戏成瘾引发了诸多的社会问题。

不仅如此，网络成瘾还会引发诸多的社会问题。很多家庭因为孩子网游上瘾而家破人亡。湖北一名16岁少年沉迷于网络游戏，竟半夜持刀砍伤母亲，抢走8 000元；湖南一名14岁少年因网络游戏入魔产生幻觉，从4楼跌落身亡；江苏一名19岁的少年为了要钱上网，不惜用铁锤砸死把他一手抚养成人的奶奶，并在奶奶没有了呼吸之后若无其事地拿着钱去上网……

沉迷于网络游戏导致这些孩子失去了人性，他们的灵魂变得麻木而扭曲。他们为什么会变成这样？这是因为，在网络游戏的虚拟世界里，青少年不需要面对现实中的挫折，不需要接受社会规范和其他人的监督，可以随心所欲地宣泄情感。这种规则会淡化现实社会规范的要求，给暴力犯罪埋下隐患。

而且，很多网络游戏都是赤裸裸的黄色与暴力游戏，长此以往，青少年的灵魂受到麻痹，认为暴力和色情是正常的行为，而且犯罪是不需要付出代价的。当青少年混淆现实与虚拟的关系，只要有一个轻微的刺激，他们就会出现违法犯罪行为。这是网络游戏对青少年侵入式的危害，会直接改变一个孩子的命运。

因此，女孩切不可以缓解压力、放松自我、追求潮流等缘由为名而去玩网络游戏，等我们陷入其中再想抽身就来不及了。

保护好自己，不被“网络黄毒”污染心灵

一个偶然的机会，小倩在网友阿冰的鼓励下，加入了一个“特殊”的群。一开始她有些心惊胆战，因为这些人聊的内容太大胆了，什么不堪入耳的话都敢说，什么不堪入目的图片都敢放上。这些东西看得她面红耳赤。

小倩几次想退出这个群，可是阿冰却刺激她，说她都快成年了，这点东西有什么，早晚都得知道，现在知道还相当于普及知识了呢！小倩听了她的话，再加上自己也有点好奇心，就没退群。

有好几次，都有男人主动跟她搭讪，还要求和她视频并见面，都被她拒绝了。但是，对于他们发送的一些网站链接，她偷偷上去看了一下。这一看她傻眼了，都是些淫秽视频，视频内容非常露骨。她不想看，却忍不住又偷偷去看，一来二去，她再不是当初那个青涩的小姑娘了，有时还会和群里的人讲几个“荤段子”，博众人一笑。

阿冰说她，这才是好样的！自己早就说这没什么了。

可是，小倩的好友却看出了她的异样，因为她的脸色特别难看，经常看到她上课的时候出神发呆，还总是一个人偷偷地看手机。好友把这个情况偷偷地告诉了老师，老师在调查之下发现了小倩的“秘密”，她心里很震惊，却没有把事情挑明。

那段时间，班主任老师每天都找小倩谈话，并没收了班里很多同学的手机，其中包括小倩的。老师知道，对于这种情况，只有断掉毒网，并给

她输入正确的思想，才能挽救小倩的前途。

刚开始的几天，小倩如丢了魂一样难受，渐渐地，她觉得在老师的开导下自己好像明白了一些道理，状态也慢慢转好。到后来，她彻底明白了老师的苦心，特别感激老师没有把事情挑明。好朋友看到，那个熟悉的小倩又回来了，终于松了一口气。

互联网的世界丰富多彩，包罗万象。如果我们善于利用，互联网就是我们取之不尽、用之不竭的宝山。但是稍不注意，我们可能会陷入许多不良和违法网站的陷阱，如淫秽网站、赌博网站、暴力网站、反动网站等，这些都是互联网上的毒瘤，严重影响了互联网的正常发展，也使得很多女孩受害。对于网络黄毒，我们要有防范力，要注意以下几点。

第一，女孩心智不成熟、模仿能力强，容易被诱惑。

女孩心智不成熟，身心发展尚未定型，此时并没有建立起成熟的性道德观念，遇事又缺乏冷静的思考，易冲动，所以比成年人更容易受到诱惑。另外，女孩模仿能力强，那些新奇的、刺激的事物往往是她们模仿的对象。

而且在青春期这个独特的阶段，女孩身心的发展都使其自然而然地对异性产生好奇、冲动和幻想，在这种情况下，网络便成为其探索性知识、排解性冲动的一种途径。此时，如果一些传播淫秽色情的网站进入女孩的视线，女孩很难抵挡住这种诱惑，从最开始的好奇到沉迷，其实之间的时间也许用不了太久。这是女孩在特殊的时期所具有的自身易被网络黄毒“攻陷”的特性，我们要加以了解。

第二，网络世界是网络黄毒的“隐身之地”。

俗话说，“知己知彼，百战不败”，女孩除了要正确认识自己，还要认识黄毒的真面目。一般来说，现在在网络中出现的黄毒大体有以下几类。

（1）色情小游戏、动漫。违法网站利用青少年喜欢动漫的特点，传播带有色情、暴力色彩的网络游戏、漫画连载、动漫视频等，诱使青少年网民点击，并使其沉迷。

（2）低俗图片、网络文学。一些违法网站打着“网络文学”和宣讲“两性知识”的旗号，对色情和暴力进行宣扬，吸引懵懂好奇的女孩浏览。

（3）色情聊天。还有一些色情聊天室与个人QQ账号用户，以交友的名义进行淫秽色情的传播，这也是陷阱，需要女孩提高警惕，慎加陌生好友，如果不小心加入了传播淫秽色情内容的聊天室，要及时退出，不要像小倩那样，等到上瘾了再后悔。

（4）用淫秽图片链接不良网站。一些人通过色情图片和个人色情签名来传播网络链接，对于这样的图片女孩要抑制自己的好奇心，不小心点击了很容易使电脑中毒，如果点击进入的是淫秽网站，那女孩就更麻烦了，稍有不慎就会被洗脑。遇到这种不小心点进去的情况要果断退出，并对电脑进行杀毒。

第三，女孩怎样才能避免受到网络黄毒的侵害？

首先，当女孩在上网的时候，遇到这种不良的网站，一定要去互联网违法不良举报中心举报。你的这个举动不仅会让自己避免受害，还可以让更多的青少年免于受到黄毒的侵害。

其次，要树立洁身自好的观念，用正常、健康的方式去了解两性知识，可以去求助老师和父母，请他们推荐合适的书籍和影片给我们看。

我们大可不必为了一点正常的需求就让不良之徒牵着鼻子走，他们就希望我们堕落，他们好从中渔利，我们偏不让他们如愿，我们通过健康的方式一样可以获取两性的知识。这样我们既缓解了自己的需求，又让自己免受污染，何乐而不为。

最后，要为自己设置一道健康的屏障。现在的网络鱼龙混杂，一些不堪入目的内容就算你不想看，有时也会蹦出来污染我们的眼睛。女孩可以下载绿色上网软件过滤有害信息，这也有助于我们对自身的保护。

其实，我们所做的一切，都是为了保护自己的身心健康以及生命财产安全。做好这件事，不仅仅是为了自己，也是为了爱我们的父母亲人。所以，我们一定要学会保护自己。

后　记

特别感谢北京理工大学出版社领导的大力支持；感谢本书策划编辑秦庆瑞老师的信任与鼓励；感谢本书责任编辑的辛勤付出；感谢多年来给予我帮助的教育界各位同仁；感谢为本书的写作工作给予指导、提出建议与意见、帮助整理相关资料等付出辛勤劳动的诸位老师，他们是周扬、翟晓敏、雒真真、张淑涵、周雅君、贾联、刘伦峰、姜淑秀、杨新卫、张振平、梅云、李俊飞、施杭等；感谢一直以来都关注我、给予我支持的家长朋友们。

同时，书中不足之处，冀望高明之士不吝赐教，予以指正，谢谢。